Ludwig Brüel

Anatomie und Entwicklungsgeschichte der Geschlechtsausführwege

samt Annexen von Calliphora erythrocephala

Ludwig Brüel

Anatomie und Entwicklungsgeschichte der Geschlechtsausführwege
samt Annexen von Calliphora erythrocephala

ISBN/EAN: 9783743455498

Hergestellt in Europa, USA, Kanada, Australien, Japan

Cover: Foto ©berggeist007 / pixelio.de

Manufactured and distributed by brebook publishing software
(www.brebook.com)

Ludwig Brüel

Anatomie und Entwicklungsgeschichte der

Geschlechtsausführwege

Anatomie und Entwicklungsgeschichte der Geschlechtsausführwege

sammt Annexen

von Calliphora erythrocephala.

Inaugural-Dissertation

zur

Erlangung der Doctorwürde

der

Hohen Philosophischen Facultät der Universität Leipzig

vorgelegt von

Ludwig Brüel

aus Langen in Hessen.

Mit 3 lithographischen Tafeln.

Jena,
Gustav Fischer.
1897.

Es giebt zweifellos keine Insectengruppe, deren Entwicklungsgeschichte eine so grosse Anzahl bedeutsamer Bearbeitungen erfahren
hat, wie sie den Musciden zu Theil wurde. Dem gegenüber erscheint
es nun um so befremdlicher, dass der Bildungsmodus ihrer Geschlechtsausführgänge beinahe völlig unbekannt geblieben ist.

Selbst WEISMANN hat in seinem so überaus vollständigen bahn-
brechenden Werk die eigentliche Entstehungsgeschichte dieser Organe
nicht berücksichtigt, obgleich er in Verfolgung der Keimdrüsenentwick-
lung auch erste Anlagen von Gängen beobachtet hat. Den Grund für
sein Unterlassen verschweigt er nicht: es scheint ihm keinem Zweifel zu
unterliegen, dass „die Ausführgänge der Geschlechtsdrüsen sich aus den
Strängen entwickeln, an welchen die Keime dieser Drüsen in der Larve
befestigt waren"; directe Beobachtungen aber könnten nach . seiner
Meinung nur mit unverhältnissmässigem Zeitaufwand angestellt werden.

Ersteres konnte damals keinem Widerspruch begegnen, letzteres
durfte als sicher gelten. Wahrscheinlich war es überhaupt unmöglich,
ohne Anwendung der Schnittmethode Klarheit über die fraglichen Verhältnisse zu erlangen.

Seit aber die Schneidetechnik der Forschung zu Gebote steht, sind
in rascher Folge Arbeiten erschienen, welche die Bildungsgeschichte
der Geschlechtsgänge bei andern Insecten zum Gegenstand hatten.
Gleich die erste, von NUSBAUM verfasst, brachte die Entdeckung des
ektodermalen Antheils der Gänge: sie widerlegte damit die Annahmo

1*

Weismann's oder schränkte doch ihre Geltung sehr ein. Es erschien jetzt wahrscheinlich, dass nicht der ganze ausführende Theil des Genitalapparats von *Calliphora* seinen Ursprung den Genitalsträngen verdanken werde.

So trat also gleichzeitig die Möglichkeit und das Bedürfniss einer Untersuchung dieser Frage an die Zoologen heran. So viele aber sich der Erforschung der Metamorphose von *Calliphora* zuwandten, keiner hat den erwähnten Gebilden seine Aufmerksamkeit geschenkt; nur die ersten Anlagen des ektodermalen Antheils wurden gleichsam beiläufig von Künckel d'Herculais entdeckt und beschrieben, von Andern wieder gesehen und erwähnt — ihre Entwicklung blieb unbekannt.

Es scheint, dass die merkwürdigen Vorgänge an den neu aufgebauten Organen das ganze Interesse der Forscher an sich zogen, welche sich dieser Entwicklung näherten.

Auch als die Entdeckung der Polzellen die Bildungsgeschichte der Keimdrüsen unseres Thieres zum Gegenstand eifrigsten Forschens machte, bis in die neuere Zeit immer wieder bearbeitet, liess man die Ausführgänge grösstentheils unbeachtet.

Deshalb entschloss ich mich, auf den Rath meines hochverehrten Lehrers, Herrn Geheimrath Professor Dr. Leuckart, zu dem Versuch, die bestehende Lücke auszufüllen.

Ich unterzog natürlich zuerst die oft beschriebenen Genitalien der Imago einer Untersuchung; zu meinem Erstaunen stiess ich bald auf einige völlig unbekannte Organe. Bei genauerm Studium der Literatur wurde mir klar, dass auch hier nur Weniges geschildert sei, dies Wenige meist nicht genau. Namentlich alle Theile, die der Kopulation dienen, innere und äussere, fand ich nur ganz ungenügend berücksichtigt, von den Bewegungsmechanismen gar nichts in der ganzen umfangreichen Literatur.

Eine Ausnahme stellt der Drüsenapparat des weiblichen Thieres dar: ein englischer Autor, B. Th. Lowne, hat ihn neuerdings zum Gegenstand einer Arbeit gemacht und einzelne Theile sehr ausführlich beschrieben. Indessen konnte mich die Kenntnissnahme dieser Untersuchung nur in meinem Vorhaben bestärken, eine genaue Einsicht in diese anatomischen Verhältnisse zu gewinnen. Denn Lowne kommt in seiner Abhandlung zu Resultaten, die sich weit von den Anschauungen entfernen, welche man bisher den gesichertsten der Insectenmorphologie beigezählt hat. Ich will hier nur erwähnen, dass er es unternimmt, den Eiröhren den Charakter als Keimbildner gänzlich abzusprechen und ihnen die Rolle von Dotterstöcken zuzuweisen.

Die sogenannten Kittdrüsen, gum-glands, sollen dagegen die Keime produciren; auf seine Studien über die feinere Beschaffenheit dieser Drüsen ist Lowne's Theorie hauptsächlich gebaut.

Beobachtungen, die zu so schwer wiegenden Umgestaltungen herrschender Ansichten führen, fordern natürlich gebieterisch eine Nachprüfung: ich habe deshalb diesen Theil der Anatomie nicht weniger eingehend behandelt als die übrigen.

Die Resultate, zu denen ich gelangt bin, mögen im Folgenden ihren Platz finden. Die Untersuchungen, welche zu ihnen führten, sind auf dem Laboratorium des Herrn Geheimrath LEUCKART angestellt worden; sie haben sich seines regen Interesses und seiner freundlichen Unterstützung zu erfreuen gehabt. Er möge es mir gestatten, ihm für alle geistige Förderung, die er mir stets in reichem Maasse zu Theil werden liess, hier meinen aufrichtigsten Dank zu sagen.

Anatomischer Theil.

1. Die Ausführrgänge und Nebendrüsen des männlichen Thieres.

Der männliche Geschlechtsapparat von *Calliphora erythrocephala* ist schon mehrfach abgebildet worden, so dass ich einer erneuten Darstellung seiner Totalansicht wohl entrathen kann. Ich erwähne nur den letzten Bearbeiter dieser Materie — in der grossen Dipterenarbeit von DUFOUR (51) finde ich ein Bild von der Zusammensetzung unseres Organsystems: die beiden scharlachrothen, aus einem Follikel bestehenden Hoden in ihrer Fetthülle, die beiden Vasa deferentia, an ihrer Vereinigungsstelle aufsitzend ein Paar von accessorischen Drüsen und, von hier nach hinten gehend, das am Beginn etwas erweiterte unpaare Vas deferens — das sind die Organe, wie sie DUFOUR gesehen hat. Er betont ferner besonders, dass seine Vesiculae seminales, sonst sehr verbreitet bei Dipteren, bei *Musca, Calliphora, Pollenia* und ihren nächsten Verwandten vollständig fehlen.

Nicht erkannt hat er den feinern Bau der geschilderten Gebilde, nicht erkannt auch die eigenthümlichen Lagebeziehungen, die asymmetrische Anordnung vieler Organe.

Eine solche tritt uns schon bei den Testes entgegen. Sie liegen nicht beide in denselben Querschnitten einer Serie oder doch nur theilweise. Der rechte ist vielmehr im Vergleich zu dem andern etwas nach hinten gerückt. Fig. 13 zeigt einen Anschnitt von dem Hoden (*h*) der rechten Körperseite (man sieht vom Kopf her auf den

Schnitt), im mittlern Theil des 5. Segments gelegen; der linke wird erst auf folgenden Schnitten weiter vorn sichtbar. Ueber den Vorderrand des 5. Segments ragt er indessen auch nicht hinaus.

Die äussere Gestalt beider Hoden ist die gleiche: gestreckt-birnförmig, mit einer ringförmigen Einschnürung in der Nähe der Spitze. Diese kehren beide nach innen; sie entlässt das Vas deferens.

Es liegt nicht in meinem Plan, auf den Inhalt der Keimdrüse einzugehen. Dagegen möchte ich über ihre Hüllen, die theilweise in directem Zusammenhang mit den Zellenschichten des Vas deferens stehen, einige Bemerkungen machen. Ich unterscheide deren 4 (Fig. 1). Die äusserste ist durch eine Schicht von Fettzellen gebildet, die dem Hoden fester als dem umgebenden Fettgewebe anhaftet und sich von letzterm leicht isoliren lässt. Sie geht nicht bis zur Spitze des Hodens, sondern endet mit unregelmässig gezacktem Rand etwas darüber. Weiter hinab, sich manchmal auf einer Seite bis auf den Samengang erstreckend, reicht die zweite, rothe Hülle; sie besteht aus sehr kleinen, braun-rothen Körnchen, die sich erst mit den stärksten Systemen erkennen lassen. Der Grund für ihren festen Zusammenhang mit den Fettzellen ist darin zu suchen, dass sie von ihnen abstammt und damit in continuirlicher Verbindung bleibt.

Bei jüngern Puppen schon, so lange der Hoden noch nicht von Fett umgeben ist, nähern sich ihm Fortsätze der seinem äussern Ende anliegenden Zellen und umwachsen ihn. Aehnliches hat schon Spichardt (86) für den Hoden von *Liparis dispar* beschrieben, ähnlich werden auch die Peritonealhüllen der Eierstöcke nach Meyer (49), Leydig (44) und Heymons (91) gebildet. Ich habe mich nun überzeugt, dass aus solchen Fettzellenderivaten durch Einlagerung von Pigment die rothe Hülle entsteht. Wie die Pigmentirung aber zu Stande kommt, vermag ich nicht zu sagen; ich habe allerdings der Frage auch nicht viel Zeit gewidmet. Der Vorgang erinnert immerhin an einen Befund von Meyer (49), der bei Schmetterlingen den Fettkörper um den Hoden eine Strecke weit mit Oeltröpfchen gefärbt sah; diese Region war durch eine scharfe Grenze von den farblosen Zellen getrennt.

Die beiden letzten Hodenhüllen von *Calliphora* sind zelliger Natur; die äussere sehr dünn und mit kaum wahrnehmbaren Kernen, die innere, wenigstens an dem Orificium des Hodens, deutlich ausgebildet und von epithelialem Charakter. Beide aber setzen sich unmittelbar in die Wände des Vas deferens fort.

Die innerste hat nun noch eine besondere Bedeutung: denn von

ihr stammt das Follikelgerüst. BÜTSCHLI (71) hat schon bei andern
Ordnungen das Einwuchern des Epithels in den Follikel beschrieben;
es soll eine Art Kammerung wie bei der Eiröhre statthaben. Davon
kann bei *Calliphora* keine Rede sein, aber ebenso wie dort ist das
Innere des Hodens durch Gewebsbälkchen, die vom Epithel aus eindringen, in viele Fächer getheilt, deren jedes die Abkömmlinge einer
Spermatogonie birgt.

Ich setze mich damit in Widerspruch zu den Anschauungen
VERSON's (94), welcher für *Bombyx mori* die Existenz eines Follikel-
gerüsts ganz entschieden in Abrede stellt. Es wäre ja schliesslich
nicht undenkbar, dass zwischen den recht entfernt verwandten Species
darin ein Unterschied bestände. Ich halte es aber auch für sehr
möglich, dass man dieses äusserst zarte Gewebe zwischen den dicht
gedrängten Keimzellen übersieht, wenn man nicht durch eine geeignete
Conservirung unterstützt ist. Ich habe nur auf Präparaten, die mit
Pikrinosmiumsäure behandelt waren, die fraglichen Stränge bestimmt
nachweisen können; alles Bindegewebe tritt durch diese Flüssigkeit
äusserst scharf hervor.

Nach einem derartigen Präparat ist Fig. 1 gezeichnet. Man sieht
deutlich, dass das Epithel des Samenganges sich eine Strecke weit
unverändert um die Keimzellen fortsetzt, so einen Zellenbecher bildend,
der mit den reifen Spermatozoen gefüllt ist. Dann werden an seinem
Rand die rundlichen Kerne plötzlich seltener und gestreckter, das
Plasma ist von grossen Vacuolen durchsetzt und löst sich in feine
Stränge auf, von denen auf der rechten Seite unsrer Abbildung, da,
wo noch Spermatocyten erster und zweiter Ordnung liegen, Züge zur
Bildung des Gerüstes abzweigen. An mit reifen Spermatozoen be-
setzten Stellen, gegen die Mündung des Vas deferens hin, sind keine
Scheidewände zu entdecken.

Die Vasa deferentia ziehen von der Spitze der Hoden nach
der Mittellinie des Abdomens, nur wenig nach hinten gerichtet, und
münden hier in den unpaaren Samengang ein. Ihre Länge beträgt
etwa 1 mm, ihre Dicke in der Mitte nur 20—25 μ. Nahe am Hoden
sind sie beträchtlich weiter und verjüngen sich sehr allmählich von
da aus. Sie sind hier aus zwei Schichten gebildet, denselben Zellen-
lagen, wie schon erwähnt, welche die innern Lagen der Hodenwand
darstellen, einer äussern dünnen, structurlosen Membran mit winzigen
Kernen, und einem Epithel. Etwas weiter entfernt treten dazu sehr
zarte Längsfasern (Fig. 2), die ihnen von aussen aufliegen; es ist
nicht sicher zu entscheiden, aber sehr wahrscheinlich, dass man es

mit Muskeln zu thun hat. Sie setzen sich bis zum unpaaren Samengang fort und heften sich dort an (Fig. 7 bei *va*). Einer eigenartigen
Bildung geben im mittlern Theil des Vas die Epithelzellen den Ursprung. Sie senden in das Lumen des Ganges zarte Ausläufer, die
maschenartig verbunden sind und so das Innere mit einem Netzwerk
feinster Fädchen füllen (Fig. 2). Es ist möglich, dass diese Einrichtung
dazu dient, die Spermatozoen bei ihrem Durchtritt mehr zu vereinzeln,
da sie im Hoden bündelweise gruppirt sind: völlige Klarheit könnte
nur das Experiment geben. Mir ist es aber nicht gelungen, die Durch-
wanderung der Samenfäden zu veranlassen, noch überhaupt zu sehen;
sie scheint nur kurz vor der Ejaculation stattzufinden, denn der ganze
ausführende Apparat pflegt kein Sperma zu enthalten, von vereinzelten,
vielleicht zurückgebliebenen Fäden abgesehen.

Gegen das Ende des Vas hin tritt diese Bildung in demselben
Maasse zurück, wie der Gang sich verengt. Schliesslich in Mündungs-
nähe ist das Lumen nur noch als einfacher Strich zu erkennen. Die
Epithelzellen sind hier sehr dicht gedrängt, und ihre Kerne legen sich
dachziegelartig über einander (Fig. 7 *va*). Die Mündung in das Vorderende des unpaaren Vas erfolgt in der Weise, dass sich die äussere
Membran in die entsprechende Hülle dieses Ganges fortsetzt, die epi-
theliale dagegen das Epithel des letztern durchbricht. Sie zieht hierauf
eine Strecke ins Innere des unpaaren Ganges, wobei die beiden Vasa
in dessen Längsaxe umbiegen und sich dicht an einander legen. Diese
letzten Abschnitte sind fest an die Ausführgänge der accessorischen
Drüsen angeschmiegt, die sich unmittelbar hinter ihnen öffnen. So
bilden die vier Gänge gemeinsam eine Papille, die am vordern Ende
des unpaaren Ganges in sein Lumen in der Längsrichtung hineinragt.
In Fig. 7 habe ich sie abgebildet. Der Schnitt trifft die Drüsenorificien (*mp*), auf der rechten Seite ist das Vas dicht vor seiner
Mündung angeschnitten (*va*).

Man sieht weiter, dass sich die accessorischen Drüsen
gleich ausserhalb ihrer Durchbruchsstelle zu einer Anschwellung mit
ziemlich unbedeutender Höhlung erweitern, an der erst die eigentliche
Drüse ansitzt. Sie ist abermals beträchtlich dicker; ihr Durchmesser
ist sehr wechselnd, wohl entsprechend dem Füllungsgrad, sein Maximum
beträgt etwa 200 μ. Sie bildet einen gestreckten Blindsack, von
durchschnittlich 600 μ Länge, wie dies Dufour (51) schon beschrieben
hat. Auf seiner Abbildung zieht sie indessen zwischen den paarigen
Vasa deferentia gerade nach vorn, während sie in Wahrheit stark gekrümmt ist. Dufour mag die Windungen, die das Organ nach der

Präparation zeigt, für ein Kunstproduct gehalten haben; ich habe mich auf Schnitten überzeugen können, dass sie den natürlichen Zustand darstellen und dass die ganze Lagerung der beiden Drüsen sehr deutlich jene Asymmetrie zum Ausdruck bringt, die auch den unpaaren Samengang und den Ductus ejaculatorius·beherrscht. Ihre Gründe werden sich später ergeben.

Um den Verlauf der Drüsen zu beschreiben, muss ich ihrer Lagebeziehungen zum Enddarm Erwähnung thun. Dieser befindet sich im 5. Segment nicht in der Medianebene, sondern nach links verschoben, dicht unter der Rückendecke. Das vordere Ende des unpaaren Canals ist ihm in der Gegend der Rectalpapillen angelagert, nur durch den proximalen Theil der linken accessorischen Drüse von ihm getrennt. Letztere richtet nun zunächst ihren Lauf nach unten und vorn, dann nach links, gelangt so auf die linke Seite der Rectalpapillen und steigt zwischen ihnen und der Seitenwand des 5. Segments eine Strecke empor, bis etwa zur Höhe ihres Ursprungs. Hier endet sie blind geschlossen. Die rechte Drüse dagegen wendet sich von ihrer Mündungsstelle aus sofort nach links, geht unter dem Anfang des unpaaren Vas hinweg und verfolgt bis auf die linke Seite des Darms denselben Weg wie ihre Gefährtin, dicht hinter ihr hinziehend. Hier aber richtet sie sich nach unten, wie jene nach oben, und durchmisst eine gleiche Strecke, bis nahe an die 5. Bauchplatte heran. Wie wir sehen werden, ist auch der Samengang ganz auf die linke Seite des Abdomens gedrängt.

Doch zunächst einiges von der Structur unserer Drüsen. Frisch präparirt, haben sie ein weiss-glänzendes Aussehen; es rührt dies von dem milchigen Secret her, mit dem sie prall erfüllt sind, nicht aber von der Wandung. Denn diese ist ausserordentlich dünn und rechtfertigt die Bezeichnung Drüse überhaupt sehr schlecht. Sie besteht aus einem peritonealen Ueberzug und einem ziemlich flachen Epithel mit rundlichen Kernen (Fig. 7) und auf Schnitten schwer wahrnehmbaren Zellwänden; von der Fläche gesehen, erscheinen die Zellen hexagonal begrenzt. Der erste Blick zeigt, dass man es nicht mit functionirenden Drüsenzellen zu thun hat.

Um dieses eigenthümliche Verhalten zu erklären, müssen wir uns zu Schnitten durch die Puppe kurz vor ihrem Ausschlüpfen wenden. Fig. 3 zeigt einen solchen auf dem Entwicklungsstadium, welches das Organ zu Beginn des Ausfärbeprocesses erreicht hat. Wir sehen hier auch die Hüllhaut dicker als bei der Imago, aber namentlich die Drüsenzellen zeigen ein ganz anderes Aussehen. Es sind hohe Cylinderzellen mit breiterer Basis, heller gefärbtem Kern und an manchen Stellen von kleinsten Vacuolen durchsetztem Plasma. Ein ähnliches Bild hat Escherich (94) in seiner Fig. 7 von den entsprechenden Ektadenien der *Blaps gigas* gezeichnet. Es ist kein Zweifel, dass diese Zellen das Secret liefern, welches sich bald nach dem Ausschlüpfen bei der Imago findet. Die producirte Menge reicht offenbar für das ganze kurze Imaginalleben des Thieres, denn eine Erneuerung der Zellen findet nicht statt: von Regenerationszellen, wie sie Escherich bei *Carabus morbillosus* gesehen, ist hier sicher nichts vorhanden, vielmehr verwandeln sich die Zellen nach Beendigung ihrer Thätigkeit bald in das oben geschilderte niedere Epithel.

Das Secret selbst ist eine ziemlich feinkörnige Masse, die sich mit Anilinfarben lebhaft tingirt. Es füllt nicht nur die Drüsen, sondern findet sich im Samengang und Ductus ejaculatorius bis in den Penis hinein. Es muss also bei der Begattung in reichlicher Menge dem Sperma beigemischt sein, und es liegt nahe, anzunehmen, man müsse es im Receptaculum des weiblichen Thieres vorfinden. Dem ist aber nicht so; ich habe zwischen den Samenfäden, die das Receptaculum des jungen Weibchens ganz erfüllen, nichts davon entdecken können. Es muss also für wahrscheinlich gelten, dass dieses milchige Fluidum im Uterus zurückbleibt und dass ihm nur die Aufgabe zufällt, das Sperma zu umhüllen und zu verdünnen, wie wir das von dem Prostatasecret der Säugethiere wissen; eine ähnliche Function kommt, vereinzelten Angaben zu Folge, den Nebendrüsen anderer Insecten zu. Es scheint mir daher der Ausdruck Prostatadrüsen für unsere Bildungen der geeignetste zu sein, wenigstens bis eine vergleichende Untersuchung der Anhangsdrüsen bei allen Insectengruppen auf ihre Homologie hin die Anwendung von Namen ermöglicht, welche die morphologischen Beziehungen zum Ausdruck bringen.

Es ist nun klar, dass eine solche Drüse einer Einrichtung für die Regelung des Ausflusses und damit des Verdünnungsgrades, den sie in der Samenflüssigkeit hervorbringt, bedarf. In der That bemerken wir um den verjüngten Theil vor der Mündung auf dem Epithel eine Schicht circulärer Fasern; auf Anschnitten sind sie am besten nachzuweisen. In Fig. 7 (*sph*) sieht man sie indessen auch auf dem Querschnitt deutlich. Eine Querstreifung kann man natürlich bei diesen äusserst dünnen Gebilden nicht entdecken, ihre ganze Anordnung, ringförmig um die Ausmündung eines Drüsengangs, scheint mir aber für ihre contractile Natur beweisend zu sein. Ich muss sie deshalb für einen Sphincter der Drüsenöffnung halten.

Diese Faserschicht setzt sich auch auf den unpaaren Samengang fort, ebenso wie die Hüllmembran, welche sie umgiebt. Die Folge davon ist, dass dieselbe Nervenwirkung den Zufluss beschränken und den Inhalt des Samenganges in Bewegung setzen wird. Beides mag vor der Ejaculation eintreten.

Der Inhalt des Ganges hat aber ausser Sperma und Prostatasecret noch einen dritten Bestandtheil, der vom Epithel des Ganges geliefert wird. Nach innen von den contractilen Fasern liegt nämlich eine Schicht hoher Drüsenzellen, die das Lumen (Fig. 7 vd) begrenzen. An ihrer Basis findet man kleine, dunkel gefärbte Kerne in einem Saum von körnigem Plasma, von diesem aus aber erheben sich baumförmige Stränge, die fein verästelt an der Innengrenze der Wand enden. Sie liegen in einer hyalinen Substanz eingebettet, die sich mit Karmin und Hämatein gar nicht, mit Anilinfarben nur ganz schwach tingirt. Man hat es offenbar mit einem Secret zu thun; an Stellen, wo das Prostataproduct nicht den ganzen Innenraum ausfüllt, glaube ich in der That eine dünne Schicht eines solchen auch im Lumen dicht an dem Epithel gesehen zu haben (Fig. 7 vs). Es ist äusserst feinkörnig, beinahe homogen, und nimmt fast gar keine Farbe an. Es ist jedenfalls während des Imaginallebens entstanden, denn bei der ältern Puppe haben die Epithelzellen noch keinen secretorischen Charakter (Fig. 6). Ueber seine Bedeutung lässt sich nichts sagen, da es weiter hinten in dem viel voluminöseren Prostatasecret verschwindet.

Hiermit hätte ich den Bau des unpaaren Vas deferens geschildert, oder doch eines Theiles davon, des Theiles, welcher sich auf der rechten Seite des Enddarms hinzieht, in einer Ausdehnung von etwa 350 μ. Weiterhin verjüngt sich das Organ sehr rasch, von 100 auf 40 μ Durchmesser, und gleichzeitig ändert sich für den Rest seines Verlaufs — noch etwa 800 μ — seine Structur. Die Drüsenzellen verschwinden und machen einem flachen Epithel Platz (Fig. 13 vd), dicke Muskelfasern stellen sich ein, continuirlich aus jener Schicht zarter Fasern, die ich oben erwähnt habe, hervorgehend: es spricht das auch für deren musculöse Beschaffenheit.

Mit diesen Veränderungen Hand in Hand geht ein Wechsel der Richtung, in der sich der Samengang erstreckt. Während er bisher auf der rechten Seite des Darms nicht weit hinter der linken Prostatadrüse nach unten, hinten und seitwärts verlief, wendet er sich jetzt unter dem Darm direct nach hinten: auf Fig. 13 (vd) sehen wir ihn unter den Rectalpapillen. Wenn dann der Darm, der im 5. Segment immer in gleichem Abstand von der Rückendecke verharrte, sich bei

seinem Eintritt in das 6. — ich spreche später von den Segmentations-
verhältnissen — nach abwärts biegt, steigt auf den gleichen Querschnitten das Vas deferens links von ihm schräg nach oben und gelangt so auf seine Dorsalseite. Hier ändert es abermals seine Richtung, zieht nach rechts und überschreitet die Medianebene. Zum
ersten Mal, seit wir die Testes verlassen, führt unsre Schilderung
uns in die rechte Körperhälfte, in der nun der ganze hintere Theil
des Apparats gelegen ist.

Gleich rechts von der Medianebene tritt der Gang an ein Organ
heran, das den Autoren bis jetzt merkwürdiger Weise entgangen ist.
Merkwürdiger Weise, sage ich, denn das Gebilde besitzt die respectable
Länge von 270 μ, bei einem Querdurchmesser von über 100 μ. Es
zu übersehen, ist nicht wohl möglich, wenn man den Gang bis zum
Penis präparirt. Dies ist eben offenbar niemals geschehen: ich habe
davon später noch zu reden. Das fragliche Organ ist an der Grenze
des 6. und 7. Segments nahe unter dem Integument und nicht weit
über dem Darm gelegen, der hier jetzt in der Mittellinie verläuft. Es
besteht aus einem Muskelsäckchen (Fig. 12 *ms*), das einen länglich-
ovalen Umriss hat. Seine Axe ist schräg zu derjenigen des Segments
gestellt, sie geht von rechts, hinten und unten nach links-vorn-oben
und reicht mit dem Dorsalende bis beinahe an die Mittelebene. In
seinem Innern sieht man am hintern (untern) Ende eine Höhle, in die
Vas deferens und Ductus ejaculatorius einmünden. Darüber, den
grössten Theil der Längsaxe für sich einnehmend, liegt ein Chitinstab;
seine Länge beträgt etwa 220 μ. Von rechts hinten gesehen, scheint
er keulenförmig; der scheinbare Kolben (Fig. 12 *pl*) von einigen Poren
durchbohrt, der Stiel (*st*) dorsal davon in der Längsrichtung des
Organs fast bis zu dessen Ende ragend. Betrachtet man aber den
Apparat von links und hinten, so erkennt man, dass der untere Theil
des Stabs eine Platte darstellt, die in einem ziemlich stumpfen Winkel
dem Stiel ansitzt, so dass sie wagrecht zur Längsaxe des Abdomens
gerichtet ist. Die Muskeln, aus denen die Wand des Organs besteht,
inseriren oben an dem Stiel, unten, wie es scheint, an und unter der
Platte.

Genaueres habe ich an Totalpräparaten nicht erfahren können,
erst auf Schnitten enthüllte sich mir zugleich mit dem feinern Bau
die Bedeutung dieser Einrichtungen. Ich habe in Fig. 4 und 5 Quer-
schnitte aus einer Serie von der zum Ausschlüpfen bereiten Puppe abgebildet; von einer Puppe, weil ihre noch spärliche Musculatur die
Muskelansätze leichter zu übersehen gestattet. Auch sind die Theile

zwar kleiner, aber weniger gedrängt angeordnet als bei der Imago, und die Bilder deshalb klarer. Und endlich geben sie uns deutliche Fingerzeige für die Bildungsgeschichte des Chitinstücks.

Ich werde deshalb auch in meiner Beschreibung den Verhältnissen folgen, wie sie die Zeichnungen zur Anschauung bringen, und erst nachher auf die geringfügigen Veränderungen während des Imaginallebens eingehen.

Zuvor muss ich bemerken, dass die Schnitte aus räumlichen Rücksichten nicht in ihrer natürlichen Lage wiedergegeben sind: um sie in eine solche zu bringen, muss man sich ihre lange Axe um 45° gedreht denken, so dass das jetzige Oberende nach links oben zeigt. Bei meiner Beschreibung werde ich eine solche Drehung annehmen.

Wir sehen nun auf Fig. 4, dem weiter hinten gelegenen Schnitt, zunächst die Höhle *hh*, welche der untere Theil des Organs beherbergt. Sie wird dorsal von der Platte *pl* bedeckt, deren Querschnitt hier an ihrem Hinterende noch wenig dunkles Chitin zeigt. Man bemerkt, dass sie am Rand auf allen Seiten in das helle Chitin übergeht, das die ganze Höhle auskleidet. Letztere setzt sich am linken obern Ende der Platte in eine kleine Seitenhöhle fort: es ist der Anschnitt einer Ausstülpung *sh*, deren Wände den Stiel bilden. Wie auch die Platte, ist ihr Chitin aussen mit einem grosszelligen und auffallend grosskernigen Epithel bedeckt, das als Platten- und Stielbildner fungirt. Am linken obern Ende der Haupthöhle befindet sich auch die Einmündung des unpaaren Samengangs *vd*, unter derjenigen der Stielhöhle. Das Ende des Vas deferens bildet eine weit ins Innere vorspringende Papille *p*, deren Wände in ihrem letzten, zugespitzten Theil fast nur aus ganz hellem Chitin bestehen, welches innen im Gang leicht gewellt ist. Ich will bemerken, dass sich das Chitin ein Stück weit in das Vas fortsetzt; dann wird es so zart, dass es nicht mehr auffindbar ist, doch konnte ich mich nicht bestimmt von seinem Fehlen überzeugen. Am rechten untern Ende der Platte setzen Muskeln an; dicht daneben bildet die Wand der Höhle eine Falte, die sich rings um die Platte fortsetzt, wie die umgebenden Schnitte lehren.

Der in Fig. 5 gezeichnete Schnitt ist in der Serie 4 Schnitte von dem eben betrachteten entfernt. Wir sehen dieselbe Höhle *hh* und links noch die Mündungspapille des Samengangs *p*. Sie ist also in dorsoventraler Richtung comprimirt, und die Mündung bildet einen Spalt, dessen Längsaxe von vorn nach hinten gerichtet ist. Die Platte *pl* ist hier schon stärker verdickt; an ihrem linken Ende setzt der Stiel an, von dem ein grösseres Stück getroffen ist, halb quer, halb längs, da er ja schräg nach oben zieht. Die Stielhöhle *sh* ist dem zu Folge nur an einer Stelle im Schnitt zu sehen. Der ganze Stiel ist von dem Höhlenepithel umgeben, das oben schon recht dünn geworden ist, wie denn auch die Chitinwand bereits stark verdickt und ihrer Vollendung nahe ist. Bemerkenswerth ist es, dass die Schwärzung, die mit Härtung gleichbedeutend ist, nur am obern Theil eintritt. Hier entspringen nun auch die Muskeln, die das Organ zum grössten Theil umhüllen (*ms*), in dicht gedrängter Menge; nur ein kleiner Theil ist in ganzer Länge geschnitten. Die dorsalen setzen alle am Rand der Platte an, die ventralen (*ms*[1]) am linken untern Rand der Höhle, dicht vor der Mündung des Vas deferens. Endlich bemerken wir unten eine Aussackung an der Höhle: den Anschnitt des Ductus ejaculatorius (*de*).

Die davor gelegenen Schnitte zeigen im Wesentlichen dieselben Bilder: überall sehen wir die Muskeln am Rand der Platte ansetzen, nur wenige, von der Ventralseite des Stiels entspringende, links an der Unterseite der Höhle. Etwa 3 Schnitte weiter vorn ist der Ductus ejaculatorius und der Stiel von dem übrigen abgetrennt, letzterer noch durch die Muskelfasern verbunden. Platte und Höhle sind dann noch auf 6 Schnitten vorhanden, ragen also weit über die Mündung des Ductus nach vorn hinaus.

Fassen wir das Wichtigste des Beschriebenen kurz zusammen, so haben wir eine ventrale Höhle, an deren Hinterende von links der Samengang herantritt, während etwa von ihrer Mitte nach rechts unten der Ductus ejaculatorius ausgeht. Darüber liegt eine stark verdickte dunkle Chitinplatte, die hinten an ihrem hellern links seitigen Rande mit dem gleichfalls hellern Unterende einer Chitinröhre in Verbindung steht; diese zieht schräg nach links und oben und dient von einem Punkt an, von dem ab sie aus dunklem Chitin besteht, als Ursprungsstelle zahlreicher Muskeln. Sie inseriren meist an dem Vorder-, rechtsseitigen und Hinterrand der Platte.

Um die Entwicklung dieses Organs zur Functionsfähigkeit zu schildern, habe ich meinen frühern Andeutungen nur Weniges hinzuzufügen. Die Muskeln werden viel zahlreicher, ohne indessen neue Ursprungs- oder Ansatzstellen zu gewinnen; die Stielhöhle wird von Chitin ausgefüllt, so dass schliesslich nichts mehr an die Bildungsweise des Stiels erinnert, ausser dem zelligen Ueberzug, der sich aber nur als kaum erkennbares Häutchen mit winzigen Kernen erhält; die Platte wird am Rand vergrössert, so dass keine Muskelansätze mehr darüber hinweg greifen, wie in den Figg. 4 und 5, und das Chitin der

Platte wie auch des Stiels wird verdickt und grössten Theils ganz schwarz, während zwischen beiden eine helle gelbe Partie bestehen bleibt. Hinzufügen will ich noch, dass ich Grund zu der Annahme zu haben glaube, es mündeten einzellige Drüsen in den oben erwähnten Poren der Platte aus. Ich habe zwischen den Muskeln, die bei der Imago in mehreren Schichten angeordnet sind, 2—3 lange, blasse Schläuche aufwärts laufen und mit kolbiger Anschwellung enden sehen; unten setzten sie in der Mitte der Platte an, dicht darüber lagen einige Kerne. Die Gebilde sind so klein, dass man sie nur auf Querschnitten durch die Platte entdecken kann; deren Poren dagegen zeigen sich nur bei Betrachtung der Plattenfläche. Ich muss es daher unentschieden lassen, ob sich die Schläuche an die Oeffnungen ansetzen und Drüsen darstellen; eine andere Bedeutung wüsste ich ihnen jedenfalls nicht zuzuweisen.

Ich muss nun kurz von der Function des Apparats sprechen. Nehmen wir an, dass sich die Muskeln contrahiren. Es wird dann unvermeidlich eine Annäherung des obern Stielendes und rechtsseitigen Plattenrandes Statt finden, der dorsale Winkel zwischen beiden muss kleiner werden. Die allgemeine Erfahrung lehrt nun, dass schwarzes Chitin eine ebenso geringe, wie gelbes eine grosse und sehr vollkommene Elasticität besitzt. Es wird also die postulirte Biegung am Verbindungsstück von Platte und Stiel eintreten; die Bewegung des letztern ist hier ohne mechanische Bedeutung, diejenige der Platte aber bewirkt eine ganz beträchtliche Vergrösserung der ventralen Höhle — wenn man die Grösse der Plattenhebung nach der Tiefe der Falte bemessen darf, die sich, wie geschildert, vom Plattenrand aus nach innen wölbt und nun nach oben ausgespannt wird. Die Contraction der wenigen ventral, vor der Samengangmündung, angesetzten Muskeln wird es verhindern, dass der Höhlenboden der Aufwärtsbewegung der Platte folgt. Kurz, die Höhle wird dilatirt, sie wird eine saugende Wirkung ausüben, und der Inhalt des Vas wird hereinströmen.

Nun lässt der Muskelzug nach. Die Elasticität treibt Stiel und Platte mit einer gewissen Gewalt aus einander, letztere fährt nach unten und übt einen starken Druck auf die Flüssigkeit aus. Ich sehe zwei Wirkungen: die eine, dass die beiden Lamellen der Mündungspapille fest auf einander gepresst werden, die andere, dass der Inhalt den Ausweg sucht, der ihm bleibt, und sich in raschem Strahl durch den Ductus ejaculatorius entleert.

Die Function des beschriebenen Organs ist also die einer Spritze, eines appareil propulseur du sperme, wie Fénard (96) die Glandula nodiformis von *Forficula* (Meinert) neuerdings aufgefasst wissen will; und ich halte es für das Natürlichste, ihm auch den Namen einer Samenspritze beizulegen: einer Spritze freilich, deren Kolben seine Bewegungsenergie nur indirect einer Muskelarbeit, in Wahrheit aber elastischen Kräften verdankt. Homodyname Bildungen finden sich ja vielfach bei Insecten am Kopftheil des Darms und Speichelapparats vertreten; ich erinnere an die Gestaltung des Oesophagus bei saugenden Insecten und an die Speichelpumpe der Wanzen (Kolbe, 92, P. Mayer, 75).

Der letzte Theil des ausführenden Ganges wird bekanntlich Ductus ejaculatorius genannt. Er führt wohl nirgends diesen Namen mit mehr Recht als hier. Da aber seine Function, wenn der Ausdruck erlaubt ist, nur eine passive ist, so erscheint seine Wandung äusserst einfach: eine Chitinauskleidung und ein zarter Zellenschlauch darum, mit nur 4 Kernen auf dem Querschnitt, dessen Durchmesser etwa 20 μ beträgt. An der Spritze beginnt er erweitert; er läuft 150 μ weit fast direct abwärts, und sein Ende setzt sich unverändert in den Penis fort.

Bevor ich von diesem und seinen Hilfsapparaten spreche, möchte ich aber nochmals auf die Lagebeziehungen der Geschlechtswege zum Enddarm aufmerksam machen, die ich zuvor nur flüchtig berührt habe. Ich zeigte, wie die beiden Vasa unter dem Niveau des Darms liegen und an seiner rechten Seite nahe dem Unterrand in das unpaare münden; wie dieses sich unter dem Darm hinweg begiebt und an seiner linken Seite aufwärts zieht, um schliesslich über ihn weg und nach rechts zu verlaufen. Der Ductus aber bleibt seinerseits auf der rechten Seite des Darms, der inzwischen die Medianebene gewonnen hat, und zieht rechts zu dem ebenfalls etwas rechts verlagerten Penis hinab.

Es ergiebt sich nun aus alle dem, dass das Vas deferens um den Enddarm eine Spiralwindung beschreibt, ein Verhalten, zu dem ich keine Analogie aus der Insectenmorphologie anzuführen weiss, ein Verhalten, dessen Bedeutung auch, wie mir scheint, der Beurtheilung sich vorläufig entzieht.

2. Die Copulationswerkzeuge des Männchens und ihre Hülfsorgane.

In seinen „Untersuchungen über das Begattungsglied der Borkenkäfer" hat Lindemann (75) sich darüber beklagt, dass zur Schilderung der Zeugungstheile jeder Autor seine eigene Terminologie anwende.

Er führt dies auf den Mangel an vergleichenden Arbeiten über kleinere Gruppen zurück; die bis dahin geschilderten Verhältnisse gehörten allzu verschiedenen Thieren an und seien darum selbst zu abweichend von einander, um die Homologien zwischen ihnen feststellen zu können.

Inzwischen haben ausser ihm viele Autoren daran gearbeitet, diesem Uebelstand abzuhelfen; ich nenne KRAATZ (81), der durch eine Besprechung der ältern Nomenclaturen mich von dieser wenig fruchtbaren Arbeit befreit hat, ESCHERICH (92), welcher den kurzen Versuch einer Classification aller Penisformen bei Insecten unternommen hat — indessen fügt sich schon der Apparat von *Calliphora* seinen Eintheilungsprincipien nicht — SCHMIEDEKNECHT (84), dem wir die Beschreibung unserer Gebilde bei zahlreichen Hymenopteren verdanken, und VERHOEFF (93, 94 und andere), der eine grosse Menge von Coleopterenfamilien in den Bereich seiner Untersuchungen gezogen hat. Die Dipteren aber sind dabei leer ausgegangen; wohl giebt es Arbeiten über die fraglichen Verhältnisse bei einzelnen Arten oder Gattungen (DZIEDZON's Abhandlung über die Mycetophiliden war mir leider nicht zugänglich) — aber wenn ich die Resultate mit den Befunden bei *Calliphora* vergleiche, so trifft der Umstand ein, von dem LINDE-MANN gesprochen: man sucht meist vergebens nach Homologien.

Immerhin haben sich einzelne Theile schon bei den meisten untersuchten Insecten als constant erwiesen, andere zeigen analoge Entwicklung wenigstens in mehreren Ordnungen, und so habe ich doch von der bestehenden Nomenclatur, wie sie namentlich VERHOEFF (93) ausgebildet hat, für manche Organe Gebrauch machen können. Andern allerdings war ich gezwungen Namen beizulegen, die, nach der Function oder Formähnlichkeiten gestaltet, keinen morphologischen Werth beanspruchen dürfen.

Bevor ich nun in die Beschreibung der Copulationswerkzeuge eintrete, muss ich der Segmentbenennung wegen dem abdominalen Integument eine kurze Betrachtung widmen.

Es scheint seit Langem festzustehen, dass *Calliphora* 4 Abdominalsegmente besitzt. Bei *Lucilia* hat DUFOUR (51) zwar deren 5 abgebildet. MEIGEN (51), der gründlichste Beobachter der Gliederungsverhältnisse der Musciden, hat aber die Vierzahl der Segmente für *Calliphora* festgestellt, und seine Angaben sind auch von WEISMANN (64) acceptirt worden. Der Blick von oben zeigt in der That nur 4; besieht man aber das Thier mit der Lupe von der Bauchfläche, so erkennt man 5 Bauchplatten, wie ich sie in Fig. 16 abgebildet habe. Die erste ist am Vorderrand viel breiter als die folgenden und setzt sich

2

mit haarlosem Saum an den Thorax an. Hinten hat sie denselben Quermesser wie die übrigen, die alle eine rechteckige Gestalt besitzen; die zweite ist fast doppelt so lang wie 3, 4 und 5.

Dem entsprechend sind auch die Rückenringe, die in beiden Geschlechtern gleiche Form haben, an ihrem Unterende gestaltet. Der zweite (Fig. 14 II^1) ist hier der breiteste von allen, verschmälert sich aber oben rasch und hat in der Rückenmitte den kleinsten Längsdurchmesser. Siebt man seine freie Contour an, so scheint es allerdings, als verbreitere er sich aufwärts. Es rührt dies aber daher, dass der erste Ring durch eine dunkle Naht mit dem zweiten verbunden ist und mit ihm eine Platte bildet. Darüber, dass diese aus zwei Ringen besteht, kann kein Zweifel herrschen. Denn wie es bei solcher Verwachsung zu sein pflegt, hat sich die Intersegmentalhaut gesondert erhalten, als ein hellerer und borstenfreier Bezirk dicht hinter der Nahtlinie (Fig. 16). Am Bauch ist diese hellere Region breiter, oben wird sie sehr schmal, vor ihr aber liegt hier, durch das dunkle Chitinstück des ersten Tergits von ihr getrennt, eine zweite derartige Partie, ebenfalls vorn — oder richtiger unten, da diese Wand senkrecht gestellt ist — von einem dunklen Feld begrenzt. Auch sieht man auf dem Bauche von der Linie zwischen I^1 und II^1 (Fig. 14) eine ebensolche nach vorn abzweigen und am Vorderrand enden (u).

Es ist nun wohl möglich, dass in diesen Bildungen die Spuren einer weitern Verwachsung erhalten sind, dass vor dem ersten bestimmt charakterisirbaren Abdominalsegment noch eines angenommen werden muss, dessen Tergit allein sich erhalten hat. Denn der erste Gedanke, der sich uns aufdrängt und der die geschilderten Verbindungsstücke mit dem Thorax diesem zuweisen möchte, dieser Gedanke muss fallen gelassen werden. HAMMOND (79) hat den Nachweis erbracht, dass der Thorax nur anscheinend aus 2 Segmenten besteht, dass vielmehr alle Stücke des dritten Ringes sich in reducirtem Zustand an seinem Hinterende vorfinden. Zum Abdomen gehören also alle erwähnten Stücke; und unsere Hypothese gewinnt an Wahrscheinlichkeit, wenn wir die Verhältnisse anderer Insectenordnungen zur Vergleichung heranziehen. Ich finde Angaben betreffs überzähliger Dorsalplatten am Vorderende des Abdomens bei BURMEISTER (55), VERHOEFF (93) und PEYTOUREAU (95 a). Schon BURMEISTER und noch bestimmter VERHOEFF haben versichert, dass allen Coleopteren das erste Sternit fehlt. PEYTOUREAU bestätigt diese Befunde; er weiss ferner dasselbe von den Lepidopteren zu berichten. Es scheint dies demnach ein allgemeines Verhalten bei höhern

Insecten zu sein; ich bin geneigt, anzunehmen, dass der Reductionsprocess bei Musciden noch weiter gegangen ist und das ursprünglich erste Segment nur noch in Spuren erkennen lässt, das frühere zweite aber schon theilweise mit dem dritten verschmolzen hat. Ich verhehle mir freilich nicht, dass ein Beweis an einer Species nicht zu führen ist, und will deshalb auch bei der Bezeichnung der Segmente mich vorläufig nach der Zahl der deutlich erkennbaren richten. Ich zähle also 5 Abdominalsegmente von vorn nach hinten, ausser denen, welche hauptsächlich der Copulation dienen und die ich nun beschreiben will.

Wir betrachten zunächst noch das 5. Sternit (Fig. 16 *V*). Es ist nicht einfach rechteckig, sondern trägt hinten einen halbkreisförmigen Ausschnitt. Vom Vorderrand dieser Einbuchtung erstrecken sich symmetrisch 2 Spalten bis in die Nähe der beiden Vorderecken der Platte und theilen diese so in 3 Lappen, von denen der mittlere etwas mehr einwärts liegt. Die äussern stehen also mit ihrer Fläche nach unten vor und sitzen ausserdem mit verschmälerter Basis dem Vorderrand des Sternits auf: sie werden bei einem Druck von unten federnd wirken und die Reibung auf der Unterlage vergrössern, was bei der Copulation seine Bedeutung haben mag.

Der Plattenausschnitt umfasst nun den Rand einer Höhle, die, im 5. Segment gelegen, den Penis enthält. Aehnliche Verhältnisse finden sich nach KOLBE (92) vielfach bei Insecten, namentlich bei Coleopteren.

Auch bei *Calliphora* sind sie schon bekannt. DUFOUR (51) spricht von einer „échancrure voûtée du dernier segment du ventre", in der aber nur die Spitze der „armure copulatrice" stecken soll. Seine folgende Beschreibung und Abbildung klärt seinen Irrthum auf: es ist ihm das Missgeschick passirt, den Penis und das Segment, das ihn trägt, ganz zu übersehen und die Zange am Ende des Abdomens für die armure zu halten; er schildert ihr inneres Klappenpaar als „fourreau de la verge" und das äussere als „branchen du forceps".

Viel gründlicher ist die gleichzeitige Bearbeitung von MEIGEN (51). Er findet eine grosse Uebereinstimmung des Apparats bei *Sarcophaga*, *Dexia* und *Musca vomitoria* (*Calliphora*). Die ausführlichste Beschreibung ist *Sarcophaga* gewidmet: der Apparat ist hiernach aus 2 Ringen gebildet, die sich „unterwärts krümmen und unter dem Bauche mit der Spitze in einer eigenen Höhlung stecken. Der erste Ring ist gewölbt glatt, der zweite verlängert sich in einen krummen Schnabel mit gespaltener Spitze; unter diesem liegt ein gebogener, etwas horniger Theil zwischen zwei Fäden, welcher das eigentliche

Zeugungsglied zu sein scheint". Bei *Dexia* und *Musca* sitzt an der gespaltenen Afterspitze jederseits noch eine Lamelle. Diese Schilderung ist völlig zutreffend und enthält alles, was eine schwache Lupenvergrösserung erkennen lässt. Bei gründlicher Durchforschung mit stärkern Systemen aber findet man einen ziemlich complicirten und höchst überraschend gebauten Mechanismus, dessen Darstellung hier folgen mag.

Ich beginne bei dem hintern Ausschnitt des 5. Sternits, an dem, wie erwähnt, der Vorder- und Seitenrand der Genitalhöhle befestigt ist. Dicht darüber ist ihrer Wand ein nach hinten geöffneter Halbring aus sehr hartem Chitin eingelagert, der also seinerseits weiter innen den Höhleneingang auf drei Seiten umfasst und in der Ruhelage annähernd parallel zu dem Plattenausschnitt liegt. Mit dessen Mittellappen ist sein Vorderende gelenkig verbunden; der eine seiner Schenkel, und zwar der linke, verlängert sich geradlinig nach hinten und gewinnt so für den Ring einen zweiten Ansatzpunkt, von dem ich erst nachher sprechen werde.

Von diesem Ring aus steigt eine häutige Lamelle fast senkrecht, doch etwas vorwärts geneigt, nach innen und bildet, später nach hinten umbiegend, Seitenwände und Dach einer Höhle, die den grössten Theil des 5. Segments erfüllt. Sie erstreckt sich dorsoventral durch mehr als $^2/_3$ der Höhe des Segments, während sie auch reichlich die Hälfte des Querdurchmessers beansprucht.

Wir haben hier den Grund für die im vorigen Capitel geschilderte Asymmetrie in der Anordnung von Darm und Geschlechtsorganen. Aus ihrer frühern Mittellage sind die voluminösen Drüsen und der Enddarm im Laufe der phyletischen Entwicklung auf die linke Seite gedrängt und dadurch wiederum der linke Hoden nach vorn gerückt worden, während die kleinere Samenspritze über der Genitalhöhle ihren Platz fand, aber durch deren Dach bis nahe an die dorsale Körperdecke emporgehoben wurde.

Unsere Höhlenwand setzt sich nun hinten in die Bauchfläche eines Segments fort, das in dorsoventraler Richtung nicht dicker ist als der Theil des 5., welcher über der Höhle übrig bleibt. Dieses 6. Segment bildet mit zwei ähnlichen, hinter ihm gelegenen die hintere und untere Begrenzung der Genitalhöhle, indem es sich so weit ventralwärts hinabkrümmt, dass der Hinterrand der letzten Rückenplatte an denjenigen des 5. Sternits anstösst.

Wir haben also hinter dem 5. Tergit deren noch mindestens 3. Am letzten sitzen ausserdem 4 fest an einander gelegte

Klappen (Fig. 8 *vm, vl*); wie es schon MEIGEN (51) gesehen hat, stecken sie in der Ruhelage in dem vordern Theil der Höhle. Sie bilden dabei einen spitzern Winkel mit der Bauchfläche des 8. Segments, als meine Figur angiebt, und ihre Ebene steht genau senkrecht auf der Bauchfläche des Abdomens. In der Höhle befindet sich ferner der Penis. Er sitzt auf ihrer Hinterwand im Bereich des 7. Segments, ebenfalls einen spitzern Winkel zwischen sich und dem 8. Segment lassend, als es in Fig. 8 gezeichnet ist. So kommt es, dass er in der Ruhelage genau nach vorn zeigt: seine morphologische Dorsalseite ist abwärts gekehrt, die ventrale aufwärts, während die Dorsalseite des Segments, welches ihn trägt, schräg nach hinten und unten, diejenige des 6. ganz nach hinten gewandt ist.

Um nun zu vermeiden, dass alle orientirenden räumlichen Bezeichnungen eine in jedem Segment anders zu dessen Längsaxe gestellte Richtung angeben, will ich für meine weitere Schilderung annehmen, dass die 3 letzten Segmente dorsalwärts aufgerichtet wären, höher, als man es in Wahrheit ohne Zerreissung von Theilen erreichen kann. Die Tergite liegen dann alle in einer Ebene, nach oben sehend, wie die Dorsalseite des Penis nach hinten und oben (Fig. 8).

Das 6. Tergit hat eine sehr geringe Ausdehnung; es liegt schon bei der normalen Aufrichtung zur Copulation gänzlich unter dem 5. verborgen. Es ist deshalb erklärlich, dass es MEIGEN entgangen ist. Auf der Seite reicht es nur als ganz dünner Zipfel abwärts, lange nicht so weit wie das folgende, und trägt so wenig zur seitlichen Begrenzung der Leibeshöhle bei.

Das 7. ist oben in der Längsrichtung nicht wesentlich ausgedehnter, wird aber unten breiter und hängt schabrackenartig zu beiden Seiten des Penis und (in der Ruhelage) des Vorderrands vom 8. Tergit herab. Sein unterer Rand ist in Fig. 8 auf der rechten Körperseite gezeichnet; auf der linken würde man nach einer Drehung des Präparats eine gleichartige Linie erblicken, aber nur als nahtartige Grenze gegen ein anders beschaffenes darunter liegendes Stück, das, haarlos und aus blasserem Chitin bestehend, mit dem früher erwähnten hintern Fortsatz des Rings articulirt, welcher die Oeffnung der Genitalhöhle vorn und seitlich einfasst. — Zur Articulationsstelle tritt übrigens auch das 6. Tergit oder doch dessen Körperregion in Beziehung. Die Abtheilung des 7. Tergits, die das Gelenk trägt, ist nämlich am untern Rand verdickt. Auf diese Leiste zieht nun in spitzem Winkel eine gleichartige, in der Intersegmentalhaut, die das 6. Rückenstück nach unten fortsetzt, liegende Verdickung zu und setzt sich in ihrer Mitte an. Mit der Vereinigungsstelle beider Leisten aber articulirt der kolbig verdickte Fortsatz des Rings.

Das 8. Segment wird durch ein Tergit repräsentirt, das wie die 5 ersten des Abdomens einen fast geschlossenen Ring bildet. Er ist oben in der Mittellinie sehr schmal, verbreitert sich nach unten aber wohl um das Doppelte. Sein Vorderrand steigt gerade herab, nur ganz unten biegt er sich nach vorn und bildet so mit dem untern einen spitzen Fortsatz: den Gelenkfortsatz des 8. Segments (*gf*). Die Ebene des Hinterrands ist geneigt; er reicht unten viel weiter nach hinten. Sieht man das Tergit von oben an, so blickt man demnach auf einen medialen hintern Ausschnitt, dessen Ränder ein gleichschenkliges Dreieck zeichnen.

Diese Ränder bilden nun jederseits eine Falte, deren Boden vorwärts und abwärts gerichtet ist; oben beginnt sie flach und vertieft sich nach unten, gleichzeitig entfernen sich ihre Ränder immer mehr von einander. Der innere (mediale) ist verstärkt (Fig. 8 *rl*) und endet in einem dicken Knopf (*gk*). Die ganze Falte besteht aus hartem Chitin.

Zwischen den beiden Randleisten (*rl*) liegt eine Intersegmentalhaut, wie diese alle bei *Calliphora* an gleichmässig angeordneten kleinen Kuppelstacheln kenntlich. Sie spannt sich nicht glatt aus, sondern erhebt sich jederseits zu einer Falte *fi*, die annähernd parallel zu der Randleiste *rl* verläuft, ebenfalls oben flach und in ihrem untern Theil hoch. Sie endet hier aber nicht frei, sondern setzt sich je in eine der mittlern Klappen (*vm*) fort, deren dorsale Wölbung also ihre Verlängerung nach unten bildet.

In Fig. 13 ist *vm*, *gk* und die Randfalte des Tergits *f* auf dem Querschnitt zu sehen. Man bemerkt hier aber ausserdem zwischen den Klappen (*vm*) eine schornsteinartige Erhebung der Intersegmentalhaut; auf ihr mündet der Enddarm aus (*a*). Es liegt also inmitten der Falten *fi* (Fig, 8) noch eine unpaare, die nach den Klappen hin abflacht, nach oben aber immer stattlicher wird: der spaltförmige Anus befindet sich auf ihr, lang gestreckt fast die ganze Entfernung zwischen Gelenkknopf (*gk*) und Oberende des Hinterrands vom 8. Tergit einnehmend.

Diese innerste (mediane) Erhöhung wird nur theilweise von der Intersegmentalhaut aufgebaut; zum grössern Theil von zwei Chitinplättchen, welche dieser, jedes auf einer Seite der Falte, eingelagert

— 23 —

sind (Fig. 8 *IX*). Ich halte sie zusammen für ein reducirtes 9. Tergit.

Wir wissen, dass sehr häufig die letzten Tergite gespalten sind, VERHOEFF und PEYTOUREAU haben es für zwei grosse Ordnungen als Regel hingestellt. Die Duplicität unserer Platte ist also kein Hinderniss für meine Auffassung. Ebenso wenig kann ich ein solches in der Lage des Anus zwischen den Platten sehen. Es scheint mir keinem Zweifel zu unterliegen, dass diese Anordnung secundär erworben ist, wegen der Unterbringung der vier Klappen in der Genitalhöhle. Der After musste aufwärts — in natürlicher Lage abwärts — rücken, sollte das Thier nicht gezwungen sein, beim Absetzen seiner Faeces die Klappen aus der Höhle zu ziehen und deren Eingang frei zu geben; der lang gestreckte Spalt der Oeffnung, von dem beim weiblichen Thier nichts zu bemerken ist, scheint ja noch den Weg der Wanderung zu markiren. Wahrscheinlich haben sich also unsere Platten ursprünglich dorsal vom After befunden; für eine andere Deutung wie diejenige als Tergit sehe ich daher keinerlei Gründe.

Ueber den morphologischen Werth der nun folgenden Zange möchte ich dagegen keine bestimmte Meinung äussern. Ich habe keine Veranlassung, ihre Theile für Segmentstücke zu halten: sie liegen unter, lagen wahrscheinlich in frühern phyletischen Stadien neben dem After.

Ob sie den Cerci homolog sind? Nach KOLBE (92) haben die Dipteren im Allgemeinen keine derartigen Gebilde. Ausser dieser Angabe finde ich keine Kriterien weder für noch gegen eine bejahende Antwort. Denn bei einem Geschöpf, dessen Segmente so sehr umgebildet sind, bei dem man insbesondere überall auf Spuren von Reductionen trifft, steht es m. E. vorläufig frei, diese Chitinstücke für Anhänge eines 11. Segments oder Theile eines Analstücks zu halten, für Cerci also oder für Valvulae anales und subanales (HEYMONS, 95a). Oder, um mich deutlicher auszudrücken: es ist unmöglich, ein Urtheil darüber zu gewinnen, wenn nicht auf Grund vergleichend-anatomischer oder -embryologischer Studien.

Wenn allerdings PEYTOUREAU (95b) darin Recht haben sollte, dass die Cerci der Orthopteren zur 10. Dorsalplatte gehören, so hätten wir es hier sicher nicht mit solchen zu thun.

Wie dem auch sei, ich greife zu dem biologischen Ausdruck Haltezange, den mir KOLBE (92) darbietet, und werde unter diesem Namen den Apparat jetzt beschreiben.

Er besteht, wie schon bekannt, aus 4 Klappen, die ich Valvulae

mediales und laterales nenne. Zwar hat VERHOEFF diese Bezeichnung für Theile der Copulationswerkzeuge als unpassend zurück-
gewiesen, weil sie nicht überall die Function haben, die das Wort
andeutet. Indessen hier dienen jene Stäbe sicher einem derartigen
Zweck; und da ich vorläufig keine Möglichkeit sehe, eine morphologisch
begründete Kennzeichnung zu finden, so wähle ich diese eingebürgerte
Benennung.

Die Valvulae mediales (vm) ähneln zusammen thatsächlich
sehr einer Zange. Ihre Ober- und Unterenden (die Bezeichnungen
nach der Lage in Fig. 8 gewählt) sind frei, letztere leicht vorwärts
und gegen einander gekrümmt; in der Mitte sind beide eine kurze
Strecke mit einander verwachsen.

Die V. laterales (vl) ragen gerade so weit nach unten, sind aber
beinahe um ein Drittel kürzer; sie haben eine Länge von $^3/_4$ mm.
Sie sind rundlich, doch von rechts nach links ziemlich stark comprimirt und mit denselben kurzen steifen Borsten besetzt wie auch
die mittlern. Von ihrer medialen Fläche entspringt etwas über der
Mitte ein säbelartig gekrümmter Stab: Processus brevis (pb,
Fig. 8 u. 13), der in einer Rinne auf der Lateralfläche der Mittel-
klappe nach oben zieht und mit dem Gelenkknopf des 8. Tergits (gk)
articulirt (in Fig. 13 links unten ist dies Gelenk getroffen). Weiter
medianwärts setzt auch die Valvula medialis an diesen Knopf an. An
der Basis des Fortsatzes ist ferner ein scharfes Zähnchen gelegen, das
einen entsprechenden Zacken der Valvula medialis von vorn und innen
umgreift (Fig. 8). Am obern Ende ist die Valvula lateralis ebenfalls
in einen Fortsatz verlängert, den Processus longus (plv), der
aber gelenkig mit ihr verbunden ist. Man erfährt dies leicht, wenn
man die Valvula in verschiedene Stellungen bringt; es ändert sich
dabei stets der Winkel zwischen ihr und dem Processus. Alle solche
Gelenkverbindungen sind aber auch ohne Experiment an Leisten
schwarzen Chitins kenntlich, die an beiden Stücken entlang auf einander zu ziehen und im Gelenk sich treffen; die Resistenz gegen Durchbiegungen, welche sie erzeugen, ist ja für letzteres geradezu unent-
behrlich.

Die Processus longi jeder Seite durchmessen das 8. Segment und
die Hälfte des 7. der Länge nach und bilden nun wiederum Gelenke
mit zwei ähnlichen Chitinstäben (ha), die seitlich am Penis vorbeigehen: ich werde davon später zu sprechen haben.

Zunächst wende ich mich zum Penis und seiner Tragplatte.
Diese ist ein lang gestrecktes, schmales Chitinstück, das über der Wand

der Genitalhöhle gelegen, sich vom Hinterrand des 6. bis weit ins
5. Segment erstreckt (Fig. 12 *tp*, Fig. 11). Seine Länge wechselt sehr,
sie ist ganz allgemein beim alten Thier beträchtlicher als beim frisch
ausgeschlüpften; bei jenem maass ich 600 μ. Man kann das Alter
leicht nach der Farbe des Chitins schätzen, das am ganzen Apparat
des 7. Segments, Anfangs hellgelb, nach und nach völlig schwarz wird.
Die beiden Seitenränder der Tragplatte sind vorn sanft nach
oben gebogen, nach hinten zu verstreicht diese Erhebung. Dagegen
wird eine Verstärkungsleiste, die dorsal auf der Mitte entlang zieht
(Fig. 11), nach hinten höher und breiter, sie spaltet sich dann nahe
vor dem Ende und schickt ihre Theilleisten zu zwei Gelenkpfannen,
die zur Articulation mit dem Penis dienen. Ihre gemeinsame Axe
ist quer gestellt und verhältnissmässig lang; der Penis trägt an seinem
basalen Ende vorn eine ebenfalls quer gestellte Rolle, den Theil einer
Cylinderfläche, mit der er in den Gelenkpfannen schleift. Wir haben
es also mit einem Charniergelenk zu thun, das dem Penis Excursionen
nur in der Medianebene gestattet — oder einer ihr fast parallelen,
da der Penis sammt Tragplatte etwas nach rechts verlagert ist.
In Fig. 11, einer Dorsalansicht, sieht man die in der Mitte leicht
eingebogene Rolle auf der Unterseite der Penisbasis; darüber liegt
eine kreisförmige Oeffnung, deren Ebene von vorn nach hinten geneigt ist (Fig. 12): in sie tritt der von oben und hinten kommende
Ductus ejaculatorius hinein (Fig. 12 *de*). An ihrer hintern (Fig. 11
obern) Circumferenz erheben sich seitlich zwei Zapfen, die als Muskel-
ansatzpunkte dienen. — Die Röhre nun, deren Rand ich soeben geschildert habe, setzt sich eine Strecke weit rings geschlossen fort; sie
bildet die Pars basalis des Penis (*bp*). Ich vermeide absichtlich
hier und auch weiterhin Zahlenangaben, weil die Länge des Penis
ausserordentlich wechselnd ist; nur gewisse zahlenmässige Beziehungen
bestehen zwischen seinen einzelnen Theilen, wie ich später zeigen
werde.

Auf der ersten Hälfte ihres Verlaufs trägt die Pars basalis dorsal
einen Fortsatz, den ich nach seiner Erscheinung den Dorn nennen
will (*do*, Fig. 12). Am distalen Ende sitzen ihrem Dorsalrand zwei
Spangen auf (Fig. 11 *ls*), die eine Strecke weit die einzige harte
Begrenzung des Penisrohrs abgeben. Im Uebrigen ist es hier von einer
weichen Chitinlamelle umhüllt (s. Fig. 9 zwischen *bp* und *gh*, auch
Fig. 12), die auch im Innern des Basaltheils die harte Chitinröhre auskleidet. Auf dem weichhäutigen Abschnitt sind die beiden Stäbe *ls*
in eigenthümlicher Weise befestigt: sie erscheinen auf dem Querschnitt

bürstenartig mit Chitinborsten besetzt, die von oben in die weiche Lamelle gedrückt sind, so eine überaus feste Continuität herstellend. Weiter distal umgreifen sie die Röhre mit zwei schon beim jungen Thier geschwärzten Gelenkhöckern (*gh*) bis zur Ventralseite; an sie setzen sich drei Stücke gelenkig an.

Der Penis besteht also von hier aus 5 Stücken, die seine weichhäutige Röhre umgeben. Der einfachen und zweckdienlichen Nomenclatur Verhoeff's (93) folgend, nenne ich sie Laminae superiores, laterales und Lamina inferior.

Die Laminae superiores habe ich schon theilweise geschildert. Es sind die Spangen, welche an zwei Gelenkhöckern die übrigen tragen. Sie sind von diesem Punkt ab leicht gekrümmt, ziehen in ihrer ersten Hälfte in flachem Bogen über den andern Stücken hin und begeben sich dann an deren Aussenfläche vorbei an die Ventralseite des Penis, indem sie sich immer mehr zuspitzen. Sie enden jede mit einem pfeilspitzenartigen Gebilde, dicht angelegt an die untern Zacken der Laminae laterales.

Die Lamina inferior (Fig. 9 u. 12 *li*) trägt ihren Namen mehr wegen ihrer Lagebeziehungen zum Ductus als der zu den Laminae laterales, denn wie wir sehen werden, liegt sie grössten Theils über ihnen. Sie beginnt mit einer breiten und flachen Platte, die an beiden Höckern ansetzt. Ganz nahe bei der Ursprungsstelle erheben sich ihre Seitenränder dorsalwärts, und diese Biegung ergreift distal immer grössere Theile der Platte, so dass, von der Fläche gesehen, deren Ränder sich einander nähern (in Fig. 9 sieht man sie durchschimmern). Sie legen sich weiterhin zusammen; es sind also jetzt die Hälften der Fläche dorsalwärts gegen einander geklappt: von der Seite gesehen, vergrössert sich in distaler Richtung die Höhe der Platte allmählich, von oben gesehen, wird sie schmäler. An der Stelle aber, die in Fig. 9 mit *vg* bezeichnet ist, gewinnt sie flügelartige Verbreiterungen, die sich von oben dicht auf entsprechende mediale Fortsätze der Laminae laterales auflegen. Diese Seitenflügel sind an den obern Rändern der Lamina der Länge nach angewachsen, sind abwärts gerichtet und bilden dadurch mit den Unterflächen der Plattenhälften zwei ventrale Längsfurchen. Wo in Fig. 9 die Lamina wieder gesondert sichtbar wird, haben die Flügel ihr Ende schon erreicht. Von da an spitzt sich die Platte immer mehr zu; sie kreuzt die Spangen der Laminae superiores, zieht dann ein Stück weit oben hin (Fig. 12) und endet in leichtem, abwärts gewandtem Bogen.

Die Laminae laterales entspringen zu beiden Seiten der beschriebenen inferior. Auch sie beginnen mit breiter, flacher Platte, deren Ebene aber senkrecht steht. Nur ihr unterer Theil besteht aus schwarzem Chitin; er dient als Träger starker, basalwärts schauender Zähne. Der obere Theil ist so blass (Fig. 12), dass er am Totalpräparat schwer zu entdecken ist; am Punkt *vg*, Fig. 9, erreicht diese Beschaffenheit indessen ihr Ende. Von hier ab verbreitert sich die Platte in der queren Richtung, während die Seitenansicht ihre gleichzeitige Verjüngung in dorsoventraler zeigt. Die beiden Platten verbinden sich nun in der Mittellinie für eine kurze Strecke; sie tragen hier jede auf der Unterseite eine Längsfurche, deren Rücken fest in die Furchen der Lamina inferior gepasst ist und mit ihr Verwachsungen eingeht (in Fig. 12 ist der grössern Klarheit halber ein Abstand zwischen Laminae laterales und inferior gelegt). Die Furchen der Laminae laterales (*fu*, Fig. 9) erstrecken sich distalwärts noch über die Verwachsungsstelle hinaus, werden stetig tiefer und sondern so jede Lamina in eine Pars medialis und lateralis; erstere ist mehr als doppelt so lang wie die andere. Diese (Fig. 9 *pam*) endet dicht bei dem geschilderten Pfeil der Lamina superior mit frei vorragender scharfer Spitze (s. auch Fig. 12). Die Pars medialis hingegen beginnt in derselben Gegend mit nach oben gerichtetem Bogen aufzusteigen; von beiden Seiten fassen ihre Stücke die Lamina inferior zwischen sich und legen sich endlich über ihr zusammen. Alle drei Spangen sind hier mit Widerhaken besetzt.

Es bleibt mir noch der Verlauf des Ductus zu betrachten übrig. Ich habe schon gesagt, dass er oben in das Basalstück eintritt. Er durchmisst nun die Röhre der Länge nach, immer in der Mitte hinziehend, tritt zwischen den Gelenkhöckern hindurch und lagert sich dicht über der Lamina inferior. Dieser Anordnung bleibt er bis zur Spitze des Penis treu; er mündet also dorsal von den Skeletstücken. Der ganzen Länge nach ist er von einer weichhäutigen Röhre umgeben, deren Wand die harten Stücke vom Gelenk an aufgelagert sind; nur die Laminae superiores erheben sich von hier an frei über sie und umfassen sie später mit ihren Spangen. Ihren Anfangstheil habe ich schon mit der Pars basalis zusammen besprochen; ihr distaler Rand ist in Fig. 12 (bei *r*) zu sehen. Einen Querschnitt findet man in Fig. 13 (*pe*): man sieht, dass der Zwischenraum zwischen ihr und dem Ductus mit einem maschigen Bindegewebe erfüllt ist.

Von den Functionen aller dieser Theile denke ich später zu sprechen. Zunächst habe ich noch mehrere Chitinstücke im 7. Segment zu beschreiben. Es sind da in erster Linie zwei sanft

gebogene, an der Spitze abgerundete und in ganzer Länge beborstete
Stücke, die zu beiden Seiten des Dorns (Fig. 12 *do*) nach hinten
zeigen; das rechte ist in Fig. 12 *pa* abgebildet. Sie scheinen im
Totalpräparat zum Penis zu gehören; eine genauere Analyse belehrt
uns indessen, dass sie ihm nur aufsitzen. Fig. 12 zeigt uns, wie sie
den Anfang der Penisröhre mit ihrer ausgehöhlten Basis umgreifen;
deren distales Ende ragt auf der Seite des Penis abwärts (*pv*), das
proximale tritt mit seinem Gefährten zusammen medial von den
Muskelansatzzapfen des Oeffnungsrandes (Fig. 11) in den Raum hinein,
den die beiden Pfannen der Tragplatte zwischen sich lassen.

Derartige Bildungen sind nun bei Insecten weit verbreitet; nach
PEYTOUREAU (95 a) kommen sie sehr häufig bei allen Gruppen vor,
KOLBE (92) hält ihr Auftreten für typisch, VERHOEFF (93) hat sie
bei allen Coleopteren beobachtet. Sie liegen nach seiner Angabe zur
Seite des Penis, bald vorgerückt, bald hinten, oft zu einer Platte oder
Ring verbunden, immer aber nachweislich zu beiden Seiten des Penis
entspringend. Er bezeichnet sie deshalb als Parameren. Ich nehme
um so weniger Anstand, unsere Stücke für ihre Homologa zu halten,
als es auch bei Coleopteren — Coccinelliden — vorkommt, dass sie
auf den Seiten des Penis sitzen. Sie mögen daher hier ebenfalls
P a r a m e r e n heissen.

Das letzte und für den Mechanismus wichtigste Hartgebilde dieser
Segmente ist eine Platte mit 4 Fortsätzen am Hinterrand, die ventral
von der Tragplatte in mässigem Abstand von ihr hinzieht. Ihr Hinterrand liegt in der Wand der Genitalhöhle; von da aus erstreckt sie
sich, wie auch die Tragplatte, durch das 6. bis ins 5. Segment. Ihre
Gestalt (Fig. 9) kann man mit einer Gabel vergleichen, deren 4 Zinken
(*haf* und *hf*) in höchst absonderlicher Weise verbogen sind; ich will
sie danach immerhin G a b e l p l a t t e nennen (Fig. 8 *gp*). Von der
untern Fläche gesehen, ähnelt sie, ohne die mittlern Fortsätze, am
meisten einem mittelalterlichen Brustharnisch (Fig. 9); sie hat zwei
in der Längsrichtung hinter einander liegende Buckel (Fig. 8) und
dazwischen eine sattelartige Einsenkung. Von rechts nach links wölbt
sie sich nach unten. Auch sie hat sehr wechselnde Maasse, ihre
Länge nimmt bei der Imago noch eine Zeit lang zu; beim alten Thier
fand ich etwa 450 μ an der Unterfläche. Die Breite ist constanter
und beträgt durchschnittlich 250 μ. In ihrer Mittellinie verläuft auf
der Unterfläche eine schwarze Naht bis zum Hinterrand, auf der obern
ist das Chitin längs- und quergerippt — für Muskelansätze. Beide
Flächen liegen nun nicht parallel: die Platte verdickt sich nämlich

nach hinten. Beide Flächen haben dabei verschiedene Längen. Die
untere ist hinten bogenförmig ausgeschnitten (Fig. 8, 9 *br*), ihre Mittellinie kürzer als die der obern; die Hinterränder von beiden sind also
durch eine schiefe Ebene verbunden, die aber in Folge des geringen
Abstands der Flächen fast als Fortsetzung der untern erscheint. Fig. 9
zeigt bei *se* diese Lamelle.

Aus ihr und der obern Plattenfläche wachsen nun continuirlich
die Wände zweier hohler Fortsätze heraus, die ich nach Gestalt und
Function Hakenfortsätze (*haf*) nennen möchte. Fig. 8 zeigt ihre
Configuration. Ihr nach unten gebogenes Ende sieht annähernd parallel
zum Penis gerichtet, in die Genitalhöhle hinein, mit 5 grossen und
sehr starken Borsten besetzt. Ihre Basis ist auf der Aussenseite
leistenartig verdickt und verlängert sich nach oben in eine Platte
(*glp*, Fig. 8), die, mit ihrem Gegenüber convergirend, von unten und
seitlich an die Pars basalis des Penis herantritt und mit dem Paramer
bei *pv* (Fig. 12) eine feste gelenkige Verbindung eingeht.

Das andere Zinkenpaar der Gabelplatte entspringt theilweise aus den Seitenrändern. Diese sind ein wenig nach oben um-
gebogen und zeigen hier jederseits eine Verstärkungsleiste (Fig. 9 *irl*).
Die Leisten aber vereinigen sich mit den hintern Verlängerungen des
gleichfalls verstärkten Bogenrands (*br*) zu 2 starken Fortsätzen, den
Hebelfortsätzen (*hf*).

Man sieht, beide Zinkenpaare der Gabelplatte sind continuirlich
und sehr stark auf ihr befestigt; besonders bei den letztgeschilderten
sind Einrichtungen getroffen, die eine Durchbiegung nach Möglichkeit
verhindern sollen: wie sich bald zeigen wird, ist dies sehr bedeutsam
für den Mechanismus.

Der Hebelfortsatz ist in Fig. 8 (*hf*) zu sehen; ich habe ihn vergrössert nochmals in Fig. 10 abgebildet (und zwar den linken), um
seine Gelenkverbindungen deutlich zu machen. Er geht deren zwei
ein, eine mit dem Gelenkfortsatz des 8. Tergito (*gf*), einen mit dem
Vorderende des Processus longus (*plv*) der Valvula lateralis. Erstere
liegt an einer knieförmigen Biegung des Hebelfortsatzes, ungefähr in
dessen Mitte; bis hierher divergiren beide Fortsätze. Die Verstärkungs-
leisten des aufsteigenden Armes (*ha*) weichen unten aus einander und
fassen die Spitze des Gelenkfortsatzes *gf* zwischen sich; die innere
Leiste springt dabei weiter nach hinten vor und sichert so den Hebelfortsatz gegen ein Ausgleiten nach aussen. Am obern Ende des
Armes *ha* setzt sich in der am ganzen Apparat vielfach üblichen Weise

der lange Fortsatz der Valvula lateralis an, dessen hinteres Ende ich bereits geschildert habe.

Hiermit bin ich mit der Beschreibung der harten Chitintheile zu Ende. Wir haben aber noch nicht die ganze Körperbedeckung der letzten Segmente kennen gelernt. Wie ich gezeigt, besitzen sie nur mehr oder minder weit abwärts reichende Tergite. Ihre ganze Bauchfläche ist dagegen von einer typischen Gelenkhaut bedeckt, die wir jetzt einer Betrachtung unterziehen wollen.

Sie beginnt im 8. Segment am Unterrand des Tergits, zieht von beiden Seiten her nach oben und setzt sich an die Processus longi an. Zwischen ihnen wölbt sie sich noch in flachem Bogen empor. Das Segment ist also von unten ausgehöhlt; im Dach der innern Wölbung sind die langen Fortsätze der Valvulae laterales eingelagert. Ebenso liegen die aufsteigenden Arme der Hebelfortsätze und diese selbst in den Seitenflächen der Höhlung, deren Wände sich auch im 7. Segment unten mit dem Rand des Tergits verbinden. Vorn erstreckt sich die dorsale Wölbung bis über den Penis. Dort biegt die Haut, welche sie bildet, auch unten um und setzt in der Mittellinie an die obere Fläche des Hinterrands von der Tragplatte an, vorher noch eine Ausstülpung in den Penis sendend: die weichhäutige Röhre um den Ductus ejaculatorius. Vom Hinterende der untern Plattenfläche steigt sie dann senkrecht abwärts und heftet sich ebenso an den obern Hinterrand der Gabelplatte. Zwischen beiden Platten sind ihr seitlich die beiden Gelenkplättchen der Hakenfortsätze eingelagert (*glp*, Fig. 8); unmittelbar zu beiden Seiten der Medianebene aber zwei kleine Stücke harten Chitins, die ausser Zusammenhang mit der Gabelplatte stehen. Sie sind dachförmig so gegen einander gelehnt, dass der First des Daches nach vorn schaut, und ihre Hinterfläche ist mit der Ventralseite der Pars basalis des Penis verwachsen. Oben reichen sie bis zur Tragplatte.

Ich habe die Stücke absichtlich an dieser Stelle und nicht mit den übrigen Hartgebilden zusammen erwähnt, weil sie meiner Ansicht nach weder den Segmentplatten noch ihren Anhängen zugehören. Wir werden später sehen, dass an sie die Bewegungsmuskeln des Penis zum Theil ansetzen; im 5. und 6. Segment gelegen, konnten sie auf die Ventralseite des Penis nur vermittels der Wandung jener Höhle wirken, in welcher er liegt. Diese schlaffe Wand ist also streckenweise mit dem Begattungsglied verwachsen und hat sich wie so häufig in Folge Muskelzugs im Laufe der phyletischen Entwicklung allmählich verhärtet.

Um dagegen die fraglichen Gebilde für Segmentplatten zu halten, müsste man die secundäre Verwachsung eines Anhangs — des Penis — mit der Fläche einer Segmentalplatte, der er nicht aufsitzt, annehmen, ein Verhalten, das wohl nirgends bei den Insecten vorkommt. Dazu ist die Existenz zweigetheilter Sternite nach neuern Untersuchungen ziemlich unwahrscheinlich; ich habe davon gleich mehr zu sprechen. Ich kehre zu der Höhlenauskleidung zurück. Wir haben sie bis zum Ansatz an die Gabelplatte verfolgt; an deren unterm Hinterrand, dem Bogenrand (*br*, Fig. 8) beginnt nun die Haut, welche die Decke der grossen Genitalhöhle bildet. Auch sie hat das Aussehen einer Intersegmentalhaut. Die Höhle selbst habe ich schon beschrieben, soweit sie dem 5. Segment angehört, auch ihren hintern Verschluss durch die Genitalsegmente. Es hat sich nun gezeigt, dass sie eine hintere Fortsetzung zwischen den Seitentheilen des 7. und 8. Tergits hat, in welcher die Wurzel des Penis steckt. So ist es wenigstens in der Ruhelage; in der aufgerichteten Stellung, in welcher ich die letzten Segmente geschildert habe, bilden die beiden Abtheilungen der Höhle eine vorn, im 5. Segment, besonders tiefe, lang gestreckte Grube in der Bauchfläche des 5.—8. Segments.

Alle besprochenen Intersegmentalhäute haben das gemeinsam, dass ihnen mechanische Bedeutung für unsern Apparat abgeht. Sie sind alle schlaff, gewähren den Hartgebilden Spielraum und haben daher auf die Bewegung der Theile beim Copulationsact keinen Einfluss, wenn nicht den, dass sie ihr gewisse Grenzen setzen. Aber dennoch ist ihre genaue Beschreibung für uns von grosser Wichtigkeit, weil ihre Beziehungen zu den Platten uns Aufschlüsse über deren morphologische Geltung geben kann.

Wir sehen, dass am Hinterrand der Tragplatte die Haut an der obern Kante ansetzt, von der untern abgeht; das Gleiche wiederholt sich bei der Gabelplatte. Ich finde dafür nur eine Erklärung: diese im 5. und 6. Segment steckenden Chitinstücke sind eingesenkte Ventralplatten; indem sie mit ihrem Vorderrand immer tiefer in das Innere der betreffenden Segmente eindrangen, zogen sie die Intersegmentalhäute mit hinein, und ihre Fläche verwuchs später mit deren eingestülptem Abschnitt. In Folge der Abwärtskrümmung der letzten Segmente sind diese Platten über einander geschoben so, dass die hintere nach innen von der vorderen zu liegen kam, ebenso wie das 6. Tergit bei der Aufrichtung vom 5. überdeckt wird.

Meiner Ansicht steht allerdings die Mediannaht der Gabelplatte entgegen, die ich beschrieben habe. Haase (89) hat nachgewiesen, dass die abdominalen Sternite aus dem embryonalen „Medianschild" und den rückgebildeten Extremitätenanlagen entstehen. Heymons (95a) hat diese Angabe dahin erweitert, dass er allen Sterniten die Abstammung aus „Medianfeld" und Stücken der beiden „Lateralfelder" vindicirt. Es kann danach eine Ventralplatte nicht aus zwei Stücken bestehen, und thatsächlich finde ich auch bisher kein derartiges Vorkommniss verzeichnet.

Gleichwohl muss ich an meiner Auffassung festhalten; denn die Entwicklungsgeschichte bestätigt sie, wie ich hier vorausnehmen will, vollkommen. Die Platte entsteht thatsächlich an der Dorsalwand einer Einstülpung, mit deren ventraler Lamelle sie dann verklebt. Man muss also entweder annehmen, dass die Haase-Heymons'sche Entdeckung allein für die niedern Ordnungen Geltung hat, bei deren Vertretern sie gemacht ist, oder aber nicht die erwähnte Nahtlinie, die ja allerdings nur den vordern Plattentheil bis zum Bogenrand durchzieht, für den Ausdruck einer Zweitheilung halten.

Es erhebt sich nun die Frage, welchen Segmenten die beiden eingesenkten Sternite angehören. Die letzte Bauchplatte, welche wir vor ihnen angetroffen haben, war die 5. Hinter ihr liegt in der Bauchfläche zunächst der Halbring, der mit dem 6. und 7. Segment articulirt; vielleicht auch mit dem 6. allein, wenn man die untere Verlängerung des 7. Tergits, die ich beschrieben habe, dem 6. Segment zurechnen dürfte. Man könnte nun diesen Ring für ein 6. Sternit halten; es ist eine so weit gehende Umbildung aber nicht sehr wahrscheinlich, und anderseits sind solche Ringe vielfach als Fortsätze von Tergiten und Sterniten beschrieben worden in Segmenten, die wohl entwickelte Dorsal- und Ventralplatten haben (Kolbe 92, Verhoeff 93, Peytoureau 95). Auch beim Weibchen von *Calliphora* kommt ein ähnliches Gebilde vor.

Die Gabelplatte aber könnte man wohl als 6. Sternit ansprechen, wenn nicht mehrere Gründe anderer Art dem entgegen ständen. Ich will zunächst von einem Befund berichten, den mir nur einmal ein Exemplar unserer Species dargeboten hat. Bei diesem Thier lag an der Stelle, wo 4. und 5. Sternit und Tergit zusammenstossen, auf einer Seite ein isolirtes Skeletstück, auffallend stark behaart und etwa von der halben Grösse des 4. Sternits, in der Intersegmentalhaut. Ich kann über die Bedeutung dieser Platte keine Vermuthung aussprechen, meine aber, dass ihr Auftreten es uns nahelegt, die Möglichkeit eines Ausfalls von Sterniten nicht ausser Acht zu lassen. Es wird dies das

Gewicht der Gründe vergrössern, die ich gegen eine Homologisirung der Gabelplatte mit dem 6. Sternit jetzt anführen will. Als wichtigsten sehe ich die Articulation ihrer ausgezogenen Hinterecken mit dem Unterrand des 8. Tergits an. Man müsste voraussetzen, dass das 7. Sternit schon völlig verschwunden war, ehe diese Verbindung Statt fand, will man die Gabelplatte für ein vor dieser 7. Bauchplatte gelegenes Skeletstück halten. — Dazu kommen Folgerungen, welche die bei allen Insecten, wie es scheint, homologe Lagerung des Penis uns an die Hand giebt. Ich finde darüber in der Literatur folgende Angaben: nach PACKARD (66, 68) entsteht das Begattungsglied bei *Bombus vagans* aus 3 Paar Papillen auf dem 9. Segment, ebenso bei *Agrion*, und bei *Aeschna* aus 2 Paaren auf derselben Stelle; nach BRUNNER VON WATTENWYL (76) gehört es zur Postsegmentalhaut des 9. Sternits; nach HAASE (90) sitzt es bei Thysanuren der 9. Ventralplatte auf. KOLBE (92) ist der Ansicht, dass bei allen Insecten die männliche Geschlechtsöffnung zwischen 9. und 10. Sternit läge. PEYTOUREAU (95 a, 95 b [1]) verlegt bei Lepidopteren, Coleopteren, einer Hemiptore und Orthopteren den Penis in die Postsegmentalhaut des 9. Sternits; nach VERSON (95, 96) gehört er entwicklungsgeschichtlich bei *Bombyx mori* zum 9. Segment. Es scheint also die Lage des Penis auf oder hinter dem 9. Sternit mindestens sehr verbreitet zu sein, wahrscheinlich sogar die Regel. Wir müssen deshalb die Tragplatte des Penis vorläufig für das 9. Sternit halten — die Rudimente des 9. Tergits habe ich schon oben beschrieben — die Gabelplatte aber für das 8. Für letzteres spricht ja auch ihr Zusammenhang mit dem 8. Tergit; die lang ausgezogene Verbindung mit der Haltezange — Processus longus — kann nicht dagegen angeführt werden, weil dessen abgegliederte Stange ganz offenbar eine Neubildung darstellt. Mehr als eine Wahrscheinlichkeit lässt sich allerdings durch einen derartigen Indicienbeweis nicht erreichen. Die Anordnung der Stigmen, welche in ähnlichen Fragen sonst häufig Aufschluss giebt, lässt uns bei unserer Ventralplatten betreffenden natürlich im Stich; überhaupt ist sie an den letzten Segmenten zu unregelmässig, als dass sich aus ihr Folgerungen ziehen liessen. Es bleibt noch die Möglichkeit, dass die Entwicklungsgeschichte uns Sicherheit bringt; ich will es hier gleich verneinen. So wird es also wohl ausgedehnten vergleichend-anatomischen oder embryologischen Untersuchungen vorbehalten beiben, hier an die Stelle der Wahrscheinlichkeit den Beweis zu setzen.

---

1) Ich citire die letztere Arbeit nach VERHOEFF's Referat; das Ori-' ginal war mir leider nicht zugänglich.

Ich gedenke nun die Function des ganzen Apparats zu schildern und muss zu diesem Zweck erst noch die A n o r d n u n g d e r M u s c u l a t u r klarlegen.

Zunächst sei erwähnt, dass auch die letzten Segmente mit der typischen S e g m e n t a l m u s c u l a t u r ausgestattet sind, den dorsalen Streckern und ventralen Beugern, die sich vom Vorderrand eines jeden Segments zum Vorderrand des folgenden begeben. Auch die entsprechenden Muskeln des reducirten 9. Segments scheinen vorhanden zu sein, ihre Insertionen haben aber eine Verlagerung erfahren : sie setzen an dem Processus longus der Valvula lateralis an. Wir haben zunächst ein Muskelpaar, welches oben am Vorderrand des 8. Tergits entspringt und sich jederseits etwa in der Mitte des Segments an die Stange des Processus heftet. Deren dahinter liegende Strecke bis nahe an die Gelenkverbindung mit der Valvula dient zur Insertion eines Muskels, der am Unterrand des Tergits, vorn in der Gegend des Gelenkfortsatzes (gf, Fig. 8) entspringt. An dem Gelenk der Valvula mit dem Processus selbst aber setzt sich ein Muskel an, der ganz in der Nähe des ersten von der seitlichen Dorsalfläche des Tergits ausgeht. Ich nenne sie zusammen die D e p r e s s o r e s d e r H a l t e z a n g e. Die obern sind wohl sicher Portionen desselben Muskels, deren Insertionen durch die des untern aus einander gedrängt wurden; ihre Ursprünge sprechen dafür.

Einige dieser Muskeln sieht man auf Fig. 13. Da dieser Schnitt eine grössere Anzahl der uns beschäftigenden Gebilde enthält, will ich einige Worte zu seiner Erklärung sagen.

Es ist dies ein Querschnitt aus einer Serie, die den hintern Theil des Abdomens zerlegt hat. Dabei sind die herab gekrümmten Segmente natürlich nicht quer getroffen. Vielmehr sind 6. und 8. theilweise schräg, das 7. frontal, das Hinterende des 8. quer und die Valvulae wieder frontal geschnitten. Es ergeben sich daraus mannigfache Schwierigkeiten für die Deutung. Es ist dabei auch zu bedenken, dass in natürlicher Lage nicht alle Theile dieselben Lagebeziehungen zu einander haben, wie wir sie bei aufgerichteter Stellung der Segmente in Fig. 8 sehen; es ist z. B. der Unterrand vom 8. Tergit mit dem Gelenkfortsatz zwischen die Seitenflächen des 7. geschoben. Aus diesem Grunde ist auch die Verbindungsfläche der von einem Schnitt berührten Punkte in Fig. 8 keine Ebene, sondern gekrümmt, wie ich das für unsern Schnitt durch die gestrichelte Linie $x - - - x$ angedeutet habe. Er trifft weiter die hintern Segmente etwas schief; es ist dies kaum zu vermeiden, weil sie sich meist bei der Conservirung etwas aus der Genital-

— 35 —

höhle erheben und dabei geringe seitliche Verschiebungen erleiden. Die Fläche des Schnittes, Fig. 13, liegt daher auf der linken Seite — es ist die rechte des Thieres, da man vom Kopf her den Schnitt betrachtet — ein wenig über $x - - x$.

Die Mitte unseres Schnittes ist nun von der frontal geschnittenen Genitalhöhle eingenommen. Man sieht, wie ihre Wand sich bei *gf* mit dem Unterrand des Gelenkfortsatzes vom 8. Tergit (*VIII*) verbindet. Von da geht sie nach vorn (oben im Bild) links zum ansteigenden (*ha*), rechts zum horizontalen Arm (*hf*) des Hebelfortsatzes, die ihr, wie erwähnt, beide eingelagert sind. Hinten (unten) fasst sie ebenso die schrägen Anschnitte der Processus longi (*plv*) in sich ein. Von den geschilderten Muskeln zeigt uns die Abbildung bei *sm* den ventralen Längsmuskel zwischen 7. und 8. Segment, in *dhi* den Depressor inferior der Haltezange. Seine Insertion liegt nur theilweise in der Schnittfläche. Bei *dhsp* sehen wir den Depressor superior posterior. Schliesslich lässt das Unterende des Schnittes bei *sm* noch einen im Verhältniss zur Kürze seines Verlaufs sehr mächtigen Muskel erkennen, den Zangenmuskel, der sich in seinem obern Theil quer zwischen den beiden Randleisten (*rl*, Fig. 8) des 8. Tergits und ihren Gelenkknöpfen (*gk*, Fig. 8 u. 13 links), weiter unten zwischen den obern Theilen der Valvulae mediales (*vm*) bis zu ihrer Verwachsungsstelle ausspannt.

Weitaus die grösste Menge der Muskelindividuen liegt aber im 5. Segment, auf die Stelle concentrirt, wo die beiden Platten mit ihrer ganzen Fläche ihnen zur Insertion dienen.

Wir haben zuerst einen gewaltigen Muskel (*ahm*, Fig. 8 u. 13), der, von der hintern Rückenfläche des 5. Tergits herabsteigend, an die aufwärts gekrümmten Seitenflächen der Tragplatte (*tp*) auf ihrer Dorsalseite ansetzt: der Aufhängemuskel der Tragplatte. Am Seitenrand der Gabelplatte inserirt jederseits ein ebenfalls von der Rückenfläche ausgehender Gabelmuskel. Er setzt sich längs des ganzen seitlichen Plattenrandes an und ist etwas höher in zwei Portionen getheilt, deren vordere (Fig. 13 *ila*) vom obern Hinterrand des 6., die hintere (*ilp*) vom obern Vorderrand des 8. Segments herkommt; es sind die Introtractores longi, anterior und posterior, der Gabelpatte.

Die Introtractores breves liegen zwischen den Platten. Der vordere (*ila*, Fig. 8) ist unpaar; er beginnt an der vordern Unterfläche der Tragplatte und läuft etwas schräg nach hinten bis zum Vorderende der Gabelplatte, an der er zu beiden Seiten der Mittellinie inserirt.

3*

Viel schwächer ist der paarige hintere Muskel, Introtractor brevis posterior (Fig. 8 u. 13 *itp*), der vom Hinterende der Tragplatte schräg nach vorn zieht und innerhalb der Hebelfortsätze seinen Ansatz gewinnt.

Zwischen den letztgenannten liegen dicht über einander zwei unpaare Muskelmassen, deren eine von der Tragplatte, die andere von
der Gabelplatte ausgeht. Ihre Ursprünge fassen an beiden Platten
den vordern Introtractor brevis zwischen sich. Sie setzen über einander an der Ventralfläche der Pars basalis des Begattungsgliedes an,
wie es oben besprochen wurde, durch Vermittlung der beiden dachförmig gestellten Verhärtungen der Intersegmentalhaut. Man sieht
dies deutlich in Fig. 13, wo in *dps* der obere getroffen ist. Beide
zusammen habe ich in Fig. 8 dargestellt (*dps* u. *dpi*): Depressor
penis superior und inferior.

Ihr Antagonist, der Erector penis, ist ein ziemlich platter
Muskel (Fig. 12 *er*), welcher auf der Dorsalseite der Tragplatte liegt
und an den beiden Zapfen am Oberrand der Penisröhrenöffnung seitlich
von der Paramerenbasis ansetzt; er entspringt an der Platte hinter
der Insertion des Suspensormuskels.

Es bleibt uns noch ein sehr starker paariger Muskel zu betrachten.
Er kommt von der obern Seitenfläche des 5. Tergits, läuft in der
Verlängerung beider Platten auf diese zu, dann seitlich dicht an ihnen
vorbei, so dass er zwischen Introtractores breves und longi zu liegen
kommt, vereinigt sich mit Fasern vom lateralen Theil der Tragplatten-
unterfläche und inserirt endlich an dem aufsteigenden Arm des Hebelfortsatzes *ha*, wie es in Fig. 13 links zu sehen ist. Einige seiner Fasern
setzen an der Gelenkplatte (*glp*) des Hakenfortsatzes an (Fig. 13 rechts).
Diese Muskeln sind Protractores (*pha*) des aufsteigenden
Hebelarms.

Untersuchen wir nun genauer die Functionen des Muskel-
apparats, die ich schon durch die Namengebung angedeutet habe.
Ich will annehmen, dass die Introtractores longi sich contrahirten.
Die wirksame Resultirende aus ihren verschiedenen Zugrichtungen wird
dann nach oben und hinten zeigen. Uebereinstimmend wird auch diejenige der Introtractores breves gerichtet sein, die also ebenfalls bestrebt sind, die Gabelplatte aufwärts zu ziehen. Denn die Ursprungsstelle dieser Muskeln, die Tragplatte, wird wohl durch eine tonische Er-
regung des Aufhängemuskels an einer Abwärtsbewegung gehindert sein.

Die Gabelplatte kann aber dem Muskelzug nur mit ihrem Vorderende folgen: das hintere ist an den Gelenkfortsätzen des 8. Tergits
durch seine Hebelfortsätze fixirt. Und weil diese gegen Durchbiegungen

sehr stark gefestigt sind, wird sich die ganze Platte um den Fixations-
punkt drehen müssen. Der aufsteigende Arm eines jeden Hebelfortsatzes
wird dadurch aus der senkrechten in eine nach hinten geneigte Lage
gebracht und drückt das Vorderende des Processus longus nach hinten.
Wir haben demnach einen Winkelhebel vor uns, dessen Stützpunkt vom Ende des Gelenkfortsatzes des 8. Tergits gebildet wird.
Die Länge seiner Arme, oder doch des grössern, der aus Platte +
Horizontalstück des Fortsatzes besteht, ist nicht leicht festzustellen,
wegen der Schwierigkeiten, welche die Bestimmung des mittlern An-
satzpunktes der Kraft bei einer so lang gestreckten Muskelinsertion
darbietet. Ungefähr aber ist dieser Arm, mehrfachen Messungen zu
Folge, doppelt so lang wie der kurze. Dessen oberes Ende wird also
mit einer Kraft nach hinten bewegt, die sich zur aufgewendeten Muskelarbeit wie 2:1 verhält.
Der ausgeübte Druck pflanzt sich aber geradlinig durch die Stange
des Processus longus ungeschwächt fort und wirkt an dessen Basis
auf die Unterfläche der Valvula lateralis, diese nach oben stossend.
In Folge der Verzahnung an der Basis ihres kurzen Fortsatzes nimmt
sie dabei die Valvula medialis mit nach oben. Beide drehen sich nun
um ihr Gelenk mit dem Knopf gk des 8. Tergits.
Sie stellen also einen zweiten, einen einarmigen Hebel
dar; an ihm greift die bewegende Kraft indessen nahe am Stützpunkt,
nach dem ersten Sechstel seiner Längserstreckung, an, so dass die Bewegung der Spitze nur mit dem sechsten Theil der Kraft erfolgt, die
an ihrem Angriffspunkt wirksam ist. Dagegen wird in Folge eben
dieser Längenverhältnisse die kleine Excursion des Processus longus
in eine grosse der Zangenspitze umgewandelt.
Wir haben demnach den ganzen Mechanismus als
einen zusammengesetzten Hebel zu charakterisiren, der
in der geschilderten Richtung mit Kraftverlust und
Geschwindigkeitsgewinn arbeitet.
Und auf letztern Punkt kommt es jedenfalls bei einem Vorgang
allein an, der nur den Apparat in Bereitschaft zu setzen bestimmt
ist. Dagegen muss die Abwärtsbewegung der Zange mit grosser Kraft
erfolgen: wir sehen denn auch eine gewaltige Muskelmasse zu dieser
Leistung aufgeboten.
Wir haben zunächst die 3 Paar Depressores im 8. Segment. Betrachtet man die Muskeln einer Körperhälfte allein und zerlegt ihre
Kräfte in senkrechte und horizontal nach vorn gerichtete Componenten,
so ergiebt sich, dass die verticalen des untern und der obern einander

aufheben. Denn der untere Muskel ist zwar mehr horizontal gelagert, aber sein Querschnitt übertrifft in entsprechendem Maasse denjenigen der beiden andern zusammen an Stärke. Nur die horizontalen Componenten kommen daher zur Geltung; ihnen addirt sich die Wirkung des Protractor am kurzen Hebelarm, der mit seinen beiden Insertionen, am Arm selbst und an der zu ihm parallelen Gelenkplatte des Hakenfortsatzes, bestrebt ist, diese Gebilde vorwärts zu ziehen, den Winkelhebel dabei natürlich drehend.

Die Wirkung der Penismusculatur ist zu klar, als dass ich bei ihr verweilen müsste. Ueber einen Muskel habe ich indessen noch zu sprechen: den Zangenmuskel (Fig. 13 *zm*). Bei seiner Contraction nähert er die beiden Valvulae mediales einander an ihrer Basis, sie drehen sich um ihre mittlere Verwachsungsstelle, und die Zange öffnet sich. Der Muskel verbindet aber auch die beiderseitigen innern Randleisten der Falten am Hinterende des 8. Tergits; diese Leisten werden gegen einander gezogen und die Chitinfalte (*f*, Fig. 13) also abgeflacht, unter Beanspruchung ihrer Elasticität. Lässt nun die Muskelwirkung nach, so werden die Randleisten in ihre alte Lage zurückschnellen und die Schenkel der Zange wieder zusammenpressen.

Zum zweiten Mal im Laufe unserer Untersuchung sind wir hier einer Nutzbarmachung der elastischen Kräfte des Chitins begegnet.

Wir sind jetzt in der Lage, uns ein Bild von den Vorgängen bei der Copulation zu machen, obgleich sie sich der directen genauern Beobachtung entziehen. Die Thiere sind nämlich so scheu, und die Bewegungen folgen einander so schnell, dass man wenig davon zu sehen bekommt. So viel ist wohl allgemein bekannt, dass das männliche Thier sich hinter dem Weibchen aufrichtet und mit seinem Hinterende dessen Abdominalspitze von oben umgreift.

Die 5 ersten Abdominalsegmente werden zu diesem Zweck abwärts gekrümmt, die folgenden dagegen aus ihrer gewöhnlichen Lage aufwärts gehoben. Es ist mir nicht wahrscheinlich, dass bei letzterem Vorgang die Blutflüssigkeit eine Rolle spielt. Zwar kann man ihn durch einen Druck gegen die Seitenfläche des Abdomens herbeiführen; aber diese selbstverständliche Wirkung einer Blutstauung ist noch kein Beweis für ihr normales Vorkommen im Leben des Thieres. Eine solche Druckerhöhung im Hinterleib führt zu einer Schwellung des Penis, und es ist mir sicher, dass diese erst nach der Einführung in die Vagina eintritt. Doch davon später.

Die Hebung wird jedenfalls durch die Streckmuskeln an der Dorsalfläche der Segmente bewerkstelligt. Gleichzeitig werden alle

Muskeln innervirt, die an Trag- und Gabelplatte inseriren, sowie die zwischen beiden Platten verlaufenden. Ihre gemeinsame Wirkung ist die blitzschnelle Aufrichtung der Haltezange und die Herabziehung des Penis, bis beide senkrecht auf der Bauchfläche der Segmente stehen; die Dorsalseite von beiden ist nun gerade abwärts gewandt. In dieser Lage wird die Zange zwischen die fernrohrartig in einander geschobenen Legeröhrensegmente des Weibchens gesteckt. Jetzt wird die Musculatur des 8. Segments innervirt, mit ihr die Protractores der kurzen Hebelarme (*ha*). Der Zangenmuskel öffnet die Haltezange, und die übrigen ziehen diese herab und pressen sie gewaltsam auf die Unterlage fest. Dann erschlafft der Zangenmuskel, die Zangenschenkel fassen zu und geben das Weibchen nun erst nach der Befruchtung durch erneute Muskelwirkung wieder frei.

Gleichzeitig mit und durch das Niederdrücken der Zange ist aber, wie man leicht einsieht, auch das freie Ende der Gabelplatte wieder nach unten gedreht worden. Dabei beschreibt die Basis des Hakenfortsatzes einen, wenn auch kleinen, Bogen um den Stützpunkt. Der Haken selbst wird parallel zum Penis und in dessen Ebene gerückt; man kann es sich aus Fig. 8, in der die Platte wie auch die Haltezange eine Mittelstellung zwischen ihren extremsten Lagen einnimmt, leicht vergegenwärtigen. Die Gelenkplatte (*glp*) des Hakenfortsatzes übt zugleich einen Zug an der Basis des Paramers aus, und dieses klappt mit seiner Spitze auf die Dorsalfläche des Penis herab.

Wenn nun der letztere durch die Vulva in die Vagina — ich werde diese Unterscheidung später rechtfertigen — geschoben wird, bis der Dorn sein ferneres Vorrücken hemmt, dringen Haken wie Parameren bis in die Vulva mit hinein. Kaum ist dies geschehen, so hebt das Männchen, wovon man sich wenigstens bei der Stubenfliege bequem überzeugen kann, sein Abdomen ein wenig und schiebt es mehr nach vorn über das weibliche hinweg. Hierdurch gelangt die Zange wieder in eine mehr senkrechte Lage zum 8. Segment, die Gabelplatte wird hierdurch natürlich nach innen bewegt, und zwar bei dieser umgekehrten Wirkung des Hebelsystems mit bedeutender Kraft, und Haken wie Parameren greifen nach oben und unten fest in die Wand der Vulva ein: die Parameren in eine besondere Tasche (Fig. 15 *tv*) an deren Vorderfläche, während die Haken den Hinterrand des weiblichen Orificiums erfassen und nach oben ziehen.

Hiermit wäre die Fixation der Penisbasis vollendet; die Lage und Befestigung der Penisspitze in der Vagina werde ich bei deren Beschreibung erörtern.

3. Die Ausführrgänge und Drüsen des weiblichen Thieres.

Der weibliche Apparat ist viel besser bekannt als der männliche, indessen in erster Linie der Eierstock und seine Hüllen. Doch auch über die Drüsen und Receptacula findet man vielerlei Angaben, histologische und topographische, die aber meistens durch Verallgemeinerung von an verwandten Gattungen angestellten Beobachtungen gewonnen sind. Denn die eigenthümlichen Bauverhältnisse der obern Vagina — gemeinhin Uterus genannt — von *Calliphora* erschweren bei ihr die Untersuchung so sehr, dass eine klare Erkenntniss durch Total- und Macerationspräparate kaum zu gewinnen sein dürfte.

An Schnitten aber sind diese Einrichtungen noch nicht eingehend untersucht worden. Einen einzigen Sagittalschnitt hat HENKING (88) gelegentlich abgebildet, und er enthält die Lagebeziehungen der wichtigsten Gänge ganz richtig. Da HENKING sie wohl nicht auf Serien verfolgt hat, so ist es nicht verwunderlich, dass er bei der Deutung einem Irrthum verfiel. Detaillirtere Studien über das in Rede stehende Thema hat LOWNE (90) angestellt, ohne indessen dabei der Schnittmethode einen genügend breiten Raum zu gewähren; ich werde mich mit seinen Resultaten und Schlüssen mehrfach zu befassen haben.

Auch bei ihm bleiben aber, wie bei seinen Vorgängern, die Beziehungen der Vagina zum Copulationsact gänzlich unberührt, wie überhaupt die meisten feinern functionellen Fragen, die mir durchaus nicht des Interesses zu entbehren scheinen. Deshalb halte ich es nicht für überflüssig, nochmals eine Beschreibung des ganzen Apparats zu geben, wobei ich indessen Wiederholungen von Bekanntem thunlichst vermeiden werde.

Ich übergehe die mehrfach geschilderte Verbindung des Oviducts mit dem Eierstock. Auch die Lagerung des unpaaren Eiergangs findet sich in einer Abbildung LOWNE's richtig verzeichnet; eine weitere stellt sie freilich anders dar, ähnlich wie diejenige HENKING's.

Der Gang erstreckt sich ein kurzes Stück, bis unter das Vorderende des Uterus, nach hinten; dann steigt er jäh empor, biegt sich nach vorn zurück, wobei er eine Weile lang zwischen seinem Anfangstheil und dem Uterus hinzieht, und folgt dem Vorderrand des letztern hierauf nach oben und später wieder nach hinten, so dass er, aufsteigend, einen Bogen bildet (Fig. 17 *ov*). Die Bedeutung dieser Krümmung ist sofort klar, wenn man weiss, dass der Uterus beim Aus-

schieben der Legeröhre ihr folgt, der Eierstock hingegen sich nicht
aus seiner Lage rührt.

Die Wand des unpaaren Oviducts besteht aus einer mächtigen
Ringmusculatur, einer Basalmembran und einem mittelhohen Epithel.
Im mittleren Drittel seines Verlaufs treten an die Stelle der cylindrischen Epithelzellen hohe Drüsenzellen, mit kolbigem Innenende
und schmalen, stark tingirten Kernen, die etwa in der Mitte des Zell-
leibs gelegen sind (Fig. 18). Zwischen diesen befinden sich kürzere
Zellen mit hellerm Kern, in dem nur einzelne Chromatinkörner stark
gefärbt hervortreten; diese Kerne liegen nahe der Zellbasis. Man
findet aber Uebergänge zu Lage und Beschaffenheit der andern Kerne
und Zellgestalten und muss daher die kürzern als junge Drüsenzellen auffassen.

In dem letzten Stück des Oviducts, seinem absteigenden Theil,
sehen wir eine wesentlich andere Structur; es fehlt hier die Ringmusculatur, und das Epithel ist niedrig, eine Art Plattenepithel mit
verwischten Zellgrenzen. Das Lumen des Ganges ist auf Querschnitten
nicht queroval, wie im aufsteigenden Theil, sondern dorsoventral zu-
sammengedrückt, so dass es einen breiten Spalt bildet. An beiden
Seiten verlaufen ventral gerichtete Längsfalten, die auf dem Querschnitt dem Rand des Lumens aufsitzen wie die Finger der Hand
(Fig. 22 *ov*). Sie machen eine bedeutende Erweiterung des Lumens
möglich, für den Zeitpunkt, in welchem die Eier den Gang passiren.
Der so gestaltete und aufgebaute Abschnitt des Oviducts zieht
schräg nach hinten und abwärts auf die Dorsalwand des Uterus zu.
Dicht über ihm wendet er sich fast rechtwinklig nach vorn und
mündet eine kurze Strecke hinter dessen Vorderende (Fig. 17 *mo*).

Wir müssen nun ein Paar Divertikel besprechen, welche dem
Oviduct an der Stelle angeheftet sind, wo seine geschilderte Richtungs-
und Structuränderung stattfindet: ein dorsales und ein ventrales.
Letzteres (*vdi*, Fig. 17 u. 22) ist in seinem ganzen Verlauf so breit
wie der Oviduct selbst und hat dieselbe Beschaffenheit der Wandung
wie seine Ursprungsstelle an diesem; nur fehlt ihm die eigene Musculatur, was aber in der Lagerung zwischen weiter unten zu schil-
dernden Muskelmassen genügende Erklärung findet. Es ragt in den
Zwischenraum zwischen Uterus und aufsteigendem Oviduct ziemlich
weit hinein; sein Ende ist durch eine Querfalte in einen vordern und
hintern Blindsack getrennt.

Das dorsale Divertikel (Fig. 17 *ddi*) ist etwas weiter hinten dem
Oviduct mit schmaler Basis angesetzt und liegt als länglicher Blindsack

zwischen Enddarm und Uterus. Seine Wandung besteht auf der Dorsalseite aus sehr hohen — bis 80 μ — Pallisadenzellen, die drüsiges Aussehen haben; ventral sind die Zellen denen des Oviducts im letzten Abschnitt ähnlich. Die Ringmuskeln des Eiergangs erstrecken sich nicht auf das Divertikel, ziehen vielmehr vor und hinter seiner Basis vorbei. Es ist dagegen von einer aus Längsfasern gebildeten Muskelhaube überkleidet; von deren Zipfel aus ziehen die Fasern, die Richtung des Divertikels fortsetzend, zum Enddarm, durchbrechen in der Gegend der Rectalpapillen dessen Ringmuskelschicht und vereinigen sich mit den darunter liegenden Längsfasern.

Die hintersten Ringmuskelzüge des Oviducts ziehen, wie erwähnt, unter dem Divertikel vorbei; sie lösen sich hier in ein Geflecht feinster Fasern auf, das fast den ganzen Raum vom Divertikel bis zum absteigenden Oviduct erfüllt. Zwischen diese Menge durch einander gewirrter Fäden greifen die ebenfalls aufgelösten Faserenden zweier lateraler Längsmuskeln, die vom untern Theil der Vagina dorsal entspringen und auf ihrer und des Uterus Seitenfläche verlaufen. In Fig. 22 sind sie bei *lm* kurz vor ihrer Ansatzstelle getroffen, in Fig. 23 und 24 würden sie zu beiden Seiten des Uterus (*ut*) liegen. Ihre Thätigkeit dilatirt den absteigenden Oviduct.

Fig. 22 (bei *am*) zeigt ausserdem den letztern und das ventrale Divertikel von Muskelzügen umsponnen, die von hinten heranziehen, den dorsalen Längsmuskeln. Sie kommen vom 7. Segment, dem 2. der Legeröhre, von beiden Seiten des Hinterrands, liegen dorsal vom Uterus und umschlingen mit ihren Vorderenden das Divertikel, den Oviduct, die Samengänge (*sk*) und die lateralen Längsmuskeln (*lm*); ihre Mehrzahl zieht zwischen Divertikel und Oviduct hindurch, mit ihren Fasern sich gegenseitig kreuzend und verflechtend (s. auch Fig. 17 *am*). Von ihrer Function weiter unten.

Von allen diesen Muskeln finde ich bei LOWNE keinen erwähnt, ausser dem am dorsalen Divertikel. Die Gänge, die zwischen ihnen versteckt liegen, beschreibt er aber. Nach ihm endigt der unpaare Eiergang mit zwei Erweiterungen; die vordere hat eine dicke Muskelhaut, von der ein Retractor ausgeht. Seine Abbildung, fig. 1, zeigt, dass er den Muskel an der Spitze des dorsalen Divertikels meint, den er nach vorn abgeben lässt. Die hintere ist eine Tasche mit sehr stark gefalteter Intima, die er in seiner fig. 3 auf einem Sagittalschnitt abbildet; man sieht von oben und unten eine Menge von Falten in das Lumen ragen, das sich unmittelbar in den Uterus öffnet. In das Vorderende dieser Tasche sollen die Gänge der „gum-glands or colleterial glands" münden; er will sich davon auf Schnitten völlig überzeugt haben.

Ueber die Mündung dieser Drüsen kann ich erst später sprechen; hier nur so viel, dass Lowne die von ihm gefundene Mündungsstelle nicht auf Schnittzeichnungen zur Anschauung gebracht hat. In der genannten Fig. 3 ziehen die Drüsengänge bis zu der Tasche hin, aber die Oeffnung in diese hat er nicht abgebildet — weil er sie nicht hat sehen können. Denn sie liegt nicht hier. Ich muss annehmen, dass er keine vollständigen Serien durchgesehen hat, sonst wäre seine Ansicht nicht erklärlich, wie auch nicht die Darstellung des letzten Oviductabschnittes. Denn hier hat er offenbar dorsales und ventrales Divertikel für einen gemeinsamen Hohlraum gehalten: seine vordere Erweiterung des Oviducts. Wenn er an Totalpräparaten untersucht hat, wie er sie abbildet, so ist es verständlich, dass er die in Wahrheit hauptsächlich von Muskeln gebildete Anschwellung, wie sie in meiner Fig. 22 durchschnitten zu sehen ist, von einem weiten Hohlraum erfüllt glaubte. Ebenso müssen ihm die fingerartig angeordneten Längsfalten an den Seiten des absteigenden Oviducts seine hintere „pouch" vorgetäuscht haben. Er wäre jedenfalls vor seinem Irrthum bewahrt geblieben, hätte er die Abbildung von Henking berücksichtigt, welche den absteigenden Oviduct und das ventrale Divertikel deutlich zur Anschauung bringt; das dorsale fehlt, weil wir keinen Medianschnitt vor uns haben.

Ich gelange jetzt in Verfolgung des Wegs, den die Eier durchmessen, zu den Orificien der Receptacula seminis. Bevor ich aber von ihnen spreche, muss ich einen Theil der Uteruswand einer Betrachtung unterziehen.

In Fig. 17 sieht man, dass sie bei *bh* dorsal emporgewölbt ist; die Mulde, welche im Innern so entsteht, ist mit Chitin gefüllt. Es ist dies indessen eine secundäre Umbildung; ursprünglich ragt die Chitinmasse als ein Hügel in den Uterus herein, der hierdurch local zu einem Spalt verengt wird. Das erste Ei aber, welches ihn passirt oder, richtiger gesagt, erst der obern Vagina den Charakter eines Uterus aufprägt, drückt den Chitinhöcker nach oben, wie es auch sonst die gefaltete Vaginalwand überall ausspannt und glättet.

In Fig. 23 ist der Chitinhügel des jungen Weibchens gezeichnet. Man bemerkt, dass er hier von einem doppelten Epithel überkleidet ist. Es erhebt sich nämlich nicht weit hinter der Oviductmündung eine Falte des Uterusepithels, deren Basis einen Halbkreis mit nach hinten gerichteter Oeffnung bildet. Diese Falte legt sich von vorn nach hinten eine Strecke weit über die Oberfläche des Chitinhügels hinweg und umhüllt so kappenartig seinen Vorderabschnitt. Man sieht in Fig. 17 *gr* ihre vordere, in Fig. 23 jederseits ihre seitliche Basis. Es zeigt sich, dass an der Seite ihre beiden Blätter dicht auf einander liegen, nach der Medianebene aber nach der Basis hin immer weiter aus einander weichen. In und dicht neben der Mittellinie verläuft nun zwischen diesen Blättern das Ende des Samengangs und der Drüsen-canäle: die Falte vertritt also eine Mündungspapille dieser Gänge.

In Fig. 23 bei *sk* ist der Samengang dicht vor der Oeffnung in den Uterus (*ut*) geschnitten. Es ist nur eine solche vorhanden; nicht weit darüber haben sich die drei Receptakelstiele vereinigt, zuerst die beiden linken. In Fig. 22 (s. die Markirungslinie in Fig. 17) sind ihre Epithelien schon verschmolzen, ihre Chitinauskleidungen genähert; der rechte Gang hat sich an sie angelagert: in einer der Schnittebenen zwischen 22 und 23 kommt die völlige Fusion der drei Canäle zu Stande.

Ueber diese Verschmelzung sagt Lowne nichts, auch aus seinen Abbildungen ist sie nicht zu erkennen. Die Mündungsstelle ist mir daraus ebenfalls nicht klar geworden. Aus seiner fig. 3 scheint hervorzugehen, dass sie vor der geschilderten Falte liegt; deren Bauart ist ihm übrigens verborgen geblieben. Vom Verlauf und der Structur der Samengänge hat er wenig, von den Receptakeln nichts zu berichten.

Die Dreizahl und asymmetrische Lage dieser Gebilde ist zu wohl bekannt, als dass ich davon sprechen möchte. Zu der Lagerung der Gänge will ich anmerken, dass sie nach der Seite und oben ziehen und von aussen her an die Receptacula herantreten. Ich finde dies auch bei Lowne mehrfach abgebildet; seine Zeichnungen wie sein Text corrigiren allerdings in anderem Betracht die Natur, indem sie zwei von den Samenbehältern auf die rechte Körperseite verlegen.

Zur Histologie unserer Organe muss ich etwas mehr sagen. Die Wandungen der Receptacula sind des Oeftern untersucht worden. Schon seit ihrem Entdecker Swammerdam, der darum eine „Lungenröhre" in ihnen sieht, weiss man, dass sie von einem ringförmig verdickten Chitinbelag ausgekleidet sind; Leydig (59) hat beobachtet, dass er von Poren durchbohrt wird. Derselbe Autor hat bei *Musca domestica* festgestellt, dass in diesen Poren feine Röhrchen sitzen, die aussen in relativ weiten „Secretblasen" enden. Die aber liegen in den grossen Drüsenzellen, welche als Epithel des Behälters figuriren. Bei *Calliphora vomitoria* konnte er sich von der Existenz der Verbindungsröhrchen zwischen Secretblasen und Poren nicht überzeugen; sie werden hier durch seine Präparationsmethode, Anwendung von Kalilauge, zerstört. Ich glaube nun auf Schnitten die fraglichen Röhrchen gesehen zu haben. Ihr Ansatzpunkt an der Secretblase ist überall deutlich, ein kleiner Ring von grösserm Brechungsvermögen als die Umgebung: in manchen Fällen beobachtete ich, dass von ihm zwei feine parallele Linien durch das Plasma nach der Chitinintima hinziehen. Nehme ich dazu, dass an einem abpräparirten Stück der Receptakelwand die Zahl der Drüsenzellen derjenigen der Poren etwa entspricht, dass ferner immer ein gewisser Abstand zwischen den Poren und den runden Oeffnungen der Blasen bestehen bleibt, so möchte ich die Existenz sehr zarter Verbindungsröhren für bewiesen erachten.

Die Drüsenzellen, in welchen die Blasen enthalten sind, bilden keine zusammenhängende Schicht, sondern sind einzeln einem bindegewebigen Stroma eingelagert, das sie aber durch ihre mächtige Entwicklung beim altern Thier zwischen sich fast verdrängt haben; Fig. 20 zeigt die verästelten Zellen des Stromas. An diesem Bindegewebe setzen die Längsmuskeln an, welche den Receptakelstiel fast bis zum untern Ende umgeben. Im Uebrigen besteht dessen Wand aus einem Epithel und einer chitinigen Intima, stärker färbbar, als sonst wohl Chitin zu sein pflegt. Weismann (64) hat beobachtet, dass auch sie ringförmig verdickt ist. Fig. 21 lässt allerdings quer geschnittene Chitinringe erkennen, die aber nicht ins Lumen vorspringen. Auf Querschnitten durch das Canälchen sieht man noch eine feine concentrische Streifung an ihnen: die einzelnen Ringe scheinen also aus einem fasrigen Chitin zu bestehen, dessen Fibrillen concentrisch angeordnet sind. Ohne Zweifel haben sie die Function, die Röhre offen zu halten, wenn die Längsmuskeln anziehen; man erkennt dies besonders deutlich an dem Abschnitt des Canälchens nach seinem Eintritt in die Muskelmassen dorsal vom Oviduct. Dort erhält die Röhre einen Innenbelag von zartem Chitin, structurlos und äusserst schwach tingirbar; Anfangs ist er noch von dem geringelten Chitin umgeben, dann verschwindet es: bis zu dieser Stelle ist das Chitinröhrchen trotz des Drucks der contrahirten Musculatur stets geöffnet, von hier ab aber immer gänzlich zusammengefaltet, wie wir es in Fig. 22 (sk) antreffen.

Kurz nach dem Eintritt zwischen das Muskelgeflecht verlieren die Samengänge ihre Längsmuskeln. Dafür lagern sich eine Anzahl von den Fasern des Geflechts ringförmig um sie (Fig. 22) und bilden so eine Art Sphincter; er reicht in diesem Fall nicht bis zur Mündung.

Wir haben nun gesehen, dass die Samenbehälter und ihre

Ausführungsgänge bis in die Nähe ihrer Orificien starre Röhren darstellen, und es drängt sich uns die Frage auf, wie es überhaupt möglich ist, dass ein Ausfliessen ihres Inhalts zu Stande kommt. Die Längsmuskeln können darauf keinen Einfluss haben, so viel ist klar; ich sehe ihre Wirkung darin, dass sie beim Ausstrecken der Legeröhre die relativ schweren Receptacula mit nach hinten ziehen. Es scheint daher zunächst, als müsse man einen Chemotropismus annehmen, als brächte das Ei einen Stoff mit sich, vielleicht von den Drüsenzellen des mittleren Oviducts abgesondert, der die Spermatozoen zu selbstthätigem Herabkommen in den Uterus veranlasst. Ich glaube aber, dass man an diese Erscheinung, die hier eine merkwürdige Fernwirkung des Reizes durch das 450 μ lange und dabei sehr enge (ca. 10 μ Durchmesser) Canälchen voraussetzt, nicht zu denken braucht, und will versuchen darzulegen, wie man sich ohne sie die Erscheinung erklären kann.

Wir bedürfen der Annahme, dass mit dem Durchtritt des ersten Eies die Secretion in den Drüsenzellen des Receptaculums beginne. An abscheidenden Flächen besteht eine beträchtliche Druckdifferenz zwischen innen und aussen: es wird daher das Secret mit einer gewissen Gewalt in das Innere des Samenbehälters gepresst werden, welcher wie alle Hohlräume im Thier — ich sehe von den Respirationscanälen ab — jedenfalls mit Flüssigkeit gefüllt ist. Diese gelangt nun unter höheren Druck. .

Oeffnet sich jetzt der Sphinctermuskel am untern comprimirten Theil des Canälchens und damit in Folge der elastischen Eigenschaften von dessen Wand das Lumen des Ganges, so wird der entstehende leere Raum von beiden Seiten Flüssigkeit heraussaugen, vom Uterus und aus dem Receptaculum; letztere bringt natürlich eine Anzahl der Samenfäden mit sich, welche in ihr suspendirt sind. Es werden sich also zwei gegen einander gerichtete Strömungen in dem Canälchen herstellen. Wo sie auf einander treffen, kommt die Bewegung jedoch nicht zum Stehen; die Samenflüssigkeit, deren Druckhöhe grösser ist, wird vielmehr die andere vor sich herdrängen und so in den Uterus gelangen. Die einmal eingeleitete Strömung aber wird fortdauern, so lange die Drüsen im Stande sind, durch Ersatz des Fortgeführten die Druckdifferenz wieder herzustellen; bei der mächtigen Entwicklung dieser Drüsen mag ihre Thätigkeit schon die Zeit der Eiablage hindurch währen können.

Ich will nicht behaupten, dass dieser Erklärungsversuch das Richtige treffen müsse; er soll aber zeigen, wie man sich etwa solche hydrodynamische Vorgänge im Thierkörper erläutern kann. Ueber die entsprechende Erscheinung bei andern Insecten liegt untern andern wenig eingehenden die Erklärung vor, welche LEUCKART (58 b) für den Samenausfluss bei der Bienenkönigin gegeben, deren Receptaculum ganz andere Bauverhältnisse aufweist wie diejenigen von *Calliphora*; es sind denn auch andere Principien: elastischer Druck des Tracheen- überzugs, verstärkt durch den Druck der Receptakelmuskeln — also Zusammenpressung des Samenbehälters und Oeffnung eines Sphincters am Samengang, auf die LEUCKART die Samenbewegung hier zurückführt.

Von den Kittdrüsen habe ich schon gesagt, dass sie mit den Samengängen münden. Um es genauer auszuführen: ihre beiden Aus- führcanäle treten dicht neben diesen Gängen in das Muskelgeflecht dorsal vom absteigenden Oviduct ein, ziehen dann zu letzterem ungefähr parallel schräg nach unten und münden getrennt dicht hinter dem Receptakel- orificium. Man sieht sie in Fig. 22 bei *kdg* (um alle diese schräg ver- laufenden Gänge quer geschnitten zu erhalten, habe ich die Ebene der Schnitte Fig. 22—24 fast frontal gelegt); sie sind zwar bei ihrem geringen Durchmesser inmitten der Muskeln nicht leicht zu verfolgen, doch kann man an guten Serien ihren Verlauf natürlich mit Sicher- heit constatiren. Wie daher LOWNE zu seiner abweichenden (oben ge- schilderten) Ansicht gelangte, bleibt mir räthselhaft.

Nach seiner Darstellung ziehen nun die Drüsen von ihrer Mün- dungsstelle aus nach hinten, legen sich schlingenförmig um die Re- ceptacula und enden am Ovarium, welchem sie sich anheften. Der Verlauf ist meinen Präparaten zu Folge ein etwas abweichender: zu- erst schräg nach oben und vorn, dann Umbiegung nach hinten und unten und schliesslich wieder nach vorn, wobei die Drüsen dicht an ihrem Anfangsstück vorbeigehen. Sie beschreiben also eine Windung gleich einer Spiralfeder; da sie am Hals des Eierstocks befestigt sind, wie dies schon DUFOUR (51) berichtet, so ist die Bedeutung der Schlinge sicherlich dieselbe wie beim Oviduct: sie ermöglicht es erst, dass die beiden Anheftpunkte der Drüsen beim Ausstrecken der Lege- röhre weit aus einander rücken.

Die ganze Drüse zerfällt in drei Theile. Der vorderste ist sehr dünn und kurz, 15 μ beträgt sein Durchmesser und etwa 45 μ seine Länge. Er besteht aus Fortsetzungen der äussern und innern Be- deckung der Drüsenschicht, welche den Hauptbestandtheil der Wan- dung am zweiten Theil ausmacht. Dieser repräsentirt die eigentliche Drüse; er ist 1200—1300 μ lang und 30—80 μ dick. Sein perlschnur- artiges Aussehen hat LOWNE beschrieben. Ihm folgt als letzter ein

musculöser Abschnitt, welcher als Ausführgang fungirt. Seine Wand
setzt sich aus einer Ringmusculatur und einer stark gefalteten chitinigen Intima mit ihren Matrixzellen zusammen; überzogen ist er von
einer schwer nachweisbaren peritonealen Haut. Diese wie auch die
Intima finden sich auch in dem erwähnten drüsigen Theil vor
(LEYDIG, 59); zwischen beiden liegen hier aber grosse Drüsenzellen,
mehrere zusammen immer von ihren Nachbargruppen allseitig isolirt,
so dass die beiden Tuniken sich zwischen ihnen berühren: daher das
perlschnurähnliche Aeussere der Drüse (Fig. 26). LOWNE hat die
Intima nicht erkannt; nach ihm besteht die Wand aus einer musculo-
cellular coat und einer Schicht grosser Epithelzellen. Im Innern der
Drüse fand er eine granulirte, flüssige oder halbflüssige Substanz; er
unternimmt nun den Nachweis, dass sie von dem Kitt, welcher die
abgelegten Eier verbindet, verschieden sei und die Drüsen deshalb
ihren Namen mit Unrecht führten. Der Drüseninhalt färbt sich nämlich mit alcaline carmine, die Granula darin werden von Osmiumsäure
geschwärzt; der Inhalt jener Uterustaschen aber, welche den Kitt
liefern sollen, hat andere Eigenschaften. Nun, ich werde weiterhin
ausführen, dass diesen Taschen eine andere Function zukommt; die
Substanz aber zwischen den abgelegten Eiern zeigt dieselbe Tingir-
barkeit wie unser Drüseninhalt, nur in erheblich geringerm Grade:
wir müssen eben bedenken, dass das concentrirte Secret beim Austritt
in den Uterus durch dessen Inhaltsflüssigkeit jedenfalls stark ver-
dünnt wird.

In den grossen Zellen der Kittdrüsen — LOWNE giebt die Maasse
mit 80 μ Länge und 30—40 μ Dicke an — fand er corpuscles von
25—30 μ Durchmesser. Sie bestehen aus einer „clear outer zone,
4 μ in breadth, with a distinct radial striation", darin „a finely gra-
nular contents which stains feebly". In ihm liegt eine „clear vesicular
spot, 5 μ in diameter, with a bright highly refringent spherule 2,5 μ
in diameter in its centre". „Vesicle and highly refractive body in
the corpuscle remain unstained." Er ist nun der Ansicht, dass man
es in dem Inhalt der corpuscles mit germ-ova zu thun habe; die
Blase darin mit spherule ist der Kern und nucleolus, den hellen
äussern Saum vergleicht er der zona striata. Im Centrum der Drüse
hat er zwar „the vesicular body" nie gefunden, sondern nur körniges
Secret mit stark lichtbrechenden Körperchen; das hält ihn aber nicht
ab, die bestimmte Ansicht zu äussern, dass die „germ-ova" in den
Oviduct — hier münden ja seiner Meinung nach unsere Drüsen —
und von da aus in die Eier gelangten, „either as naked germinal

vesicle, or as female pronuclei". „The ovarian eggs in the Blow-fly, and probably in other insects, are yelks and contain no germ."

Um dieser Theorie mehr Gewicht zu verleihen, corrigirt Lowne die Angaben der Autoren über die histologischen und Mündungsverhältnisse der Drüsen bei andern Insecten. Er glaubt z. B. Stein (47) aus seinen Abbildungen nachweisen zu können, dass der Drüsentheil seiner „Befruchtungsorgane" (Receptaculum + drüsiger Anhang) sich nicht in den Samenbehälter, sondern in den Oviduct öffne und in Wahrheit die Kittdrüsen repräsentire. Er bedenkt nicht, dass auch bei Dipteren meist an der Blase des Receptaculums, welche die Samenfäden enthält, noch ein drüsiger Theil aufsitzt, wie es Loew (41) eingehend beschrieben hat; er bemerkt ferner nicht, dass Stein zwischen diesen Gebilden und accessorischen Drüsen wohl unterscheidet. Letztere aber münden ihrerseits — nach Stein — fast immer in der Nähe des Scheidenausgangs: Scheidendrüsen nennt er sie gelegentlich. Auch bei Loew, und ebenso bei v. Siebold (37) und Leydig (59), hätte Lowne ihre Mündung hinter dem Receptaculum seminis als Regel angegeben finden und ein Gleiches aus den Abbildungen von Dufour (51), z. B. für *Tabanus ovinus*, ersehen können. — Wie es aber mit seiner Kritik der Abbildungen Stein's bestellt ist, dafür greife ich nur ein Exempel heraus. In fig. 3, tab. 2 sollen sich nach Lowne die „spermatophorous capsules" in den Uterus öffnen, die Kittdrüsen in den Oviduct. In Wahrheit verhält es sich auf diesem Bild der ♀ Geschlechtsorgane von *Hybius fenestratus* gerade umgekehrt: Lowne hat die Nebendrüse, durch ihren kapselartigen Sammelraum verführt, für das Receptaculum gehalten. Hätte er den Text gelesen, so wäre ihm wohl nicht entgangen, dass in dem Gebilde, welches er gum-gland nennt, Stein Samenfäden nachgewiesen hat.

Weiter bekämpft Lowne die Schilderungen, die Stein von dem Aufbau der Drüse gegeben [die von Leydig (59) herrührende hat er wohl übersehen], sowie die sehr ähnliche, die wir Leuckart (58 a) verdanken. Sie bezieht sich auf das entsprechende Organ der Pupiparen; wie unsere Gebilde hat es Tunica propria, Drüsenschicht und Intima. Letztere ist am drüsigen Theil von vielen feinen Oeffnungen durchbohrt, die den Inhalt der Drüsenzellen austreten lassen. Lowne ist der Meinung, diese Beschreibung könne sich in Wahrheit nicht auf unsere Drüse beziehen; ich finde aber, dass sie sogar auf die Verhältnisse bei *Calliphora* genau anwendbar ist. Auch hier hat die Intima im Drüsentheil feinste Poren, durch welche das Secret sich ergiesst.

Dieses aber ist vordem in Secretblasen geborgen — schon LEY-
DIG (59) erwähnt es — ähnlich denen des Receptaculums (Fig. 26 s);
sie messen 20 – 30 μ in der grössten Längenausdehnung, etwas weniger
als die Kerne, denen sie an der Innenfläche angelagert sind. Es sind
die corpuscles LOWNE's. Seine clear outer zone ist einfach der optische
Ausdruck des Abstands, welcher das Secret nach der Conservirung
von der Blasenwand trennt, sein vesicular body mit dem nucleolus
aber der doppelt contourirte Ring, welcher wie bei den entsprechenden
Gebilden der Samenbehälter den Beginn des ausführenden Chitin-
röhrchens bezeichnet; — ich habe ein solches, wie ich glaube, auf
Schnitten gesehen (Fig 26, links in der Mitte), der Ring ist sogar
in jeder Blase deutlich erkennbar. LOWNE hat anscheinend
nie ein „corpuscle" untersucht, dessen Inhalt schon entleert war: er
würde sonst gewiss erstaunt gewesen sein, sein vesicular body ohne
zugehörigen „germ" noch vorzufinden (Fig. 26 s¹).

Ich glaube, dass letztere, von mir oft beobachtete Thatsache genügt, jener Theorie den Boden zu entziehen, und will daher auf die
weitern Gründe, welche LOWNE der Literatur entnimmt, sowie auf seine
darauf gestützte Ansicht von der Zugehörigkeit der Drüsen zum primitiven Ovarium nicht weiter eingehen.

Ich gelange jetzt zum Uterus. Er hat an seinem ganzen Verlauf starke Ringmusculatur und eine an seinem Vorderende verdickte
Cuticula. LOWNE beschreibt dies, HENKING bildet es ab. Das Vorderende ragt über die Mündung des Oviducts hinaus und ist im Innern
bestachelt (Fig. 17). Nach HENKING ist es Zweck dieser Einrichtung,
das Ei vorn in einem gewissen Abstand von der Uteruswand und damit die Mikropyle frei zu halten. Die Samenfäden laufen nach seiner
Theorie in der Schalenrinne nach vorn und können so das Ei befruchten;
die Meinung, welche LEUCKART (55) von der Bedeutung der Schalenrinne äussert, verwirft HENKING. Da aber die Ansicht LEUCKART's auf
Beobachtungen über die histologischen Verhältnisse beruht, die Ansicht
nämlich, dass der Rinnenboden die präformirte Zerreissungsstelle des
Chorion bedeute, diejenige HENKING's aber im Wesentlichen auf theoretischer Construction basirt ist, so scheint es mir nicht zweifelhaft,
welche den Platz räumen müsste. Ich meine aber, dass beide sehr gut
neben einander hergehen können: die Schalenrinne kann sehr wohl in auf
einander folgenden Zeiten den zwei verschiedenen Zwecken dienen.

Den Chitinhügel im mittlern Uterus habe ich schon erwähnt,
auch die Configuration seines Vorderendes beschrieben. In Fig. 23
(gr) sieht man die beiden Schenkel der Falte mit halbkreisförmiger

Basis, welche letzteres umgiebt, in Fig. 24 die niedrigen Fortsetzungen dieser Schenkel nach hinten, die in den folgenden Schnitten bald verschwinden; unter ihnen verlaufen jederseits Längsmuskelzüge. Zwischen beiden Falten zeigt nun Fig. 24 noch eine dritte (*mf*); sie beginnt etwas weiter vorn und reicht so weit nach hinten wie der Chitinhügel (s. Fig. 17). In diesem aber liegt jederseits eine unregelmässig begrenzte, structurlose Masse, die sich stärker färbt als das umgebende Chitin (Fig. 23 *blw*); sie enthalten in ihrem hintern Theil je eine Spalte (Fig. 17 *bl*), um welche sich manchmal eine undeutliche Schichtung zeigt. Diese spaltförmige Höhle erstreckt sich parallel der Medianebene nach hinten und öffnet sich in der Nähe des Hügelendes auf dessen schräger Hinterfläche in den Uterus; doch ist diese Mündung oft fast völlig verwischt. HENKING, nach dessen Meinung die drei Receptacula gesondert münden, hält unsere Höhlen für die Endstücke der Kittdrüsen; er hat aber nicht gesehen, dass sie eine zweite Verbindung mit dem Oviduct haben, nahe ihrem Hinterende an den Seiten des Hügels (Fig. 24 *mbl*).

So liegen die Verhältnisse beim befruchteten Weibchen; vor der Copulation sind alle diese Theile schärfer begrenzt, die hintern Eingänge haben weite runde Oeffnung, die Höhlen eben solchen Querschnitt, und ihre Wand ist deutlich geschichtet und färbt sich sehr stark. Dieses Stadium hat offenbar LOWNE beobachtet; er hält das Gebilde aber für unpaar, „with a projecting median ridge, which appears to divide it into two lateral pockets". Er legt ihm den Namen sacculus bei; seiner Meinung zu Folge dient es zur Kittbereitung — ohne Epithel!

Um den Bau dieses merkwürdigen Apparats zu verstehen, müssen wir ihn bei der zum Ausschlüpfen fertigen Puppe aufsuchen. In Fig. 25 habe ich einen Schnitt von einer solchen abgebildet. Der Chitinhügel ist hier noch, in der Längsrichtung der Vagina, sehr kurz, und man sieht daher Samencanälchen (*sk*) und Kittdrüsengänge (*kdg*) und (links oben) die seitliche Mündung einer der hier in Rede stehenden Höhlen auf einem und demselben Bild. Die Entstehungsgeschichte der letztern ergiebt sich nun klar aus diesem und den folgenden Schnitten. Man erkennt, dass die dorsale Medianfalte des erwachsenen Thiers (*mf*) nur das Rudiment einer hier mächtig entwickelten Falte ist, deren abwärts gekehrter Rücken sich ausbreitet und eine Zellenplatte bildet, die auf dem (dorsalwärts davon gelegenen) Basaltheil dieser Medianfalte ruht, wie die Platte eines Tisches auf dem Fuss (Fig. 25 *zp*). Die seitlichen Plattenränder aber krümmen sich beiderseits nach oben und verwachsen hier mit der Wand

4*

des Uterus, mit Ausnahme je einer Stelle am Hinterende: der spätern seitlichen Oeffnungen (s. Fig. 25 links oben: die Schnittebene ist etwas schief gestellt, und die Figur zeigt so Oeffnung wie Verwachsung). Die derart entstandenen Höhleu (*bl*) sind vorn blind geschlossen, hinten weit geöffnet. In spätern Stadien verwandelt sich ihr ganzes Epithel in Chitin oder löst sich auf, und wenn sich dann der Hügel in die Länge gestreckt hat, ist der Apparat des unbefruchteten Weibchens fertig.

Eine Erklärung für die Function giebt uns allerdings auch die Entwicklung nicht an die Hand. Und so befand ich mich längere Zeit hindurch darüber im Unklaren, bis mich ein Befund bei der Untersuchung des Männchens auf die richtige Spur leitete. Ich habe schon erwähnt, dass die Theile des Penis sehr wechselnde Längen haben. Bei meinen Messungen fand ich aber, dass die Entfernung der Penisspitze vom Dorn, bis an welchen, das ist klar, das Glied nur in die Vagina eindringen kann, in einem bestimmten Verhältniss zu der Strecke von Penisspitze bis zum distalen Ende der Laminae superiores stand, im Verhältniss von 8,5 : 2. Diese Regelmässigkeit am sonst Unregelmässigen machte mich aufmerksam, und ich untersuchte daraufhin die Verhältnisse der Vagina und des Uterus; da ergab sich denn, dass derselbe Quotient zwischen den Strecken vom Vorderrand der Vulva bis zur Samengangmündung einerseits und von diesem bis zur Mündung unserer Chitinhöhlen andrerseits bestand. Ich mass den Abstand der letztern von einander und fand 160 μ; derjenige von beiden Spitzen der Laminae superiores resp. laterales von einander betrug gerade so viel. Die Uebereinstimmung der durchschnittlichen Penislänge mit derjenigen der Vagina bis zum Orificium der Samencanälchen aufwärts hatte ich schon früher bemerkt.

Als ich nun bei einer grössern Anzahl von Thieren immer wieder zu denselben Ergebnissen der Messung gelangte, wurde es mir zur Gewissheit, dass die Höhlen im Chitinhügel bei der Copula jederseits die dicht an einander liegenden Spitzen der Laminae superiores und der Seitentheile von den Laminae laterales aufzunehmen bestimmt sind. Ich nenne deshalb weiterhin die Chitinmasse Begattungshügel, die Hohlräume darin Begattungshöhlen.

Wir können jetzt die Degeneration des Apparats beim befruchteten Weibchen verstehen, und auch der Bau des Penis findet so, und nur so, seine Erklärung.

Wir haben gesehen, dass die Laminae laterales und die inferior gelenkig mit den superiores verbunden sind. Wir haben weiter ge- .

sehen, dass der Penis von einer weichen Haut ausgekleidet ist, welche mit maschigem Bindegewebe erfüllt ist. Die Bedeutung dieser Einrichtungen enthüllt sich uns nun. Wenn die Spitzenpaare in den Begattungshöhlen stecken, so mag die weichhäutige Röhre im Penis durch Blut geschwellt werden. Die Laminae laterales und inferior einerseits und andrerseits die superiores werden dadurch aus einander getrieben — ich habe mich durch allmähliches Einschieben einer fein zugespitzten Nadel zwischen Laminae superiores und inferior in der Nähe der Gelenkhöcker von der Möglichkeit des Vorgangs, der Drehung der drei untern Laminae im Gelenk, überzeugen können. Durch diese Bewegung aber spreizen sich die beiden Spitzen jederseits und gewinnen so eine sehr feste Fixation in den Begattungshöhlen; sie wird dauern müssen, so lange die Erhöhung des Blutdrucks im männlichen Abdomen anhält. Verstärkt wird sie noch durch das Eingreifen der Widerhäkchen an der Basis der Laminae laterales in Grübchen, mit denen das Chitin des hintersten Hügelabschnitts übersät ist; verstärkt zum andern dadurch, dass das Distalende der Lamina inferior in Folge ihrer Aufwärtsdrehung fest gegen den Hügel gepresst wird und bei der besondern Biegung der Lamina wie eine Feder wirken muss.

Wir haben also hier eine ausserordentlich weitgehende Anpassung der männlichen und weiblichen Geschlechtswege an einander kennen gelernt. An drei verschiedenen Stellen sind die männlichen Theile festgelegt, durch Haltezange, Parameren-Hakenfortsätze und die Laminae des Begattungsgliedes. Namentlich die letzte Fixation giebt dem Penis eine ganz bestimmte Lage, und man wird zu dem Gedanken genöthigt, dass die für die Befruchtung, das Austreten des Samens, mehr als für sein Eindringen in den Samenbehälter geeignete Bauart und Lage der Receptakelamündung wohl diese grosse Exactheit erfordern muss. Andrerseits aber kenne ich keine Insectenspecies, deren Copulationseinrichtungen uns die Richtigkeit des Dufour'schen Gedankens so nahe legen, dass der Penis bei Insecten „la sauvegarde de la légitimité de l'espèce" sei (44). Bekanntlich hat in neuerer Zeit Escherich (92) diese Ansicht mit besonderm Nachdruck vertreten.

Ich habe nun noch die Theile zu besprechen, welche die Lageänderung des Uterus beim Ausstrecken der Legeröhre und die Regulirung der Eiablage ermöglichen. Einige Muskeln kennen wir schon. Zu ihnen treten mächtige Faserzüge, die vom untern Theil der Vagina dorsal entspringen und im 8. Tergit in der Medianebene ansetzen. Und schliesslich ist die Vaginalwand durch

eine Ausstülpung ihrer epithelialen Wandschicht in der ventralen Mittellinie direct am Vorderrand des 8. Sternits befestigt. Ich habe diese
Stelle in Fig. 19 abgebildet. Wo sich die Intersegmentalhaut in das
Sternit umschlägt, setzt die sehnenartige Verlängerung der
Epithelausstülpung an. Zu ihr schickt der Retractormuskel
einige Fasern, welcher das ausgeschobene 8. Sternit zur Ruhelage in
das 7. zurückzuziehen bestimmt ist.

Die Wirkungsweise der Sehne brauche ich kaum zu erörtern.
Ist die Legeröhre eingezogen, so liegt der Begattungshügel in Höhe
des Vorderrandes vom 7. Segment; in derselben Relation befindet er
sich in der gestreckten Röhre: die Sehne und der soeben erwähnte
dorsale Muskel haben die Vagina, jene ventral, dieser dorsal anfassend,
der Bewegung des 8. Segments zu folgen gezwungen. Die dorsalen
Längsmuskeln (s. o.), die vom 7. Tergit her zum Oviduct ziehen,
üben dieselbe Wirkung auf diesen und seine Annexe aus.

Sie haben nun aber, wie ich glaube, noch eine andere Bedeutung.
Ihre eigenthümliche Insertionsweise, die ich geschildert (Fig. 17,
Fig. 22 am), bringt es mit sich, dass alle die Canäle, welche von ihren
Schlingen umfasst werden, bei ihrer Contraction eine Zusammenpressung erleiden. Ich vermuthe nun, dass dadurch das vorzeitige
Austreten der Eier verhindert werden soll. Man sieht oft, dass die
Thiere mit ausgestreckter Legeröhre längere Zeit tastend suchen, ehe
sie die Eiablage vornehmen; für diese Zeit ist vielleicht die Thätigkeit
unserer Muskeln von Wichtigkeit. Danach werden sie von den lateralen Längsmuskeln (Fig. 22 lm) abgelöst, den Dilatatores
des absteigenden Oviducts.

Leider ist man für die Beurtheilung solcher innern Vorgänge bei
kleinen Insecten völlig auf Combination angewiesen; es ist mir nicht
gelungen, das geöffnete Thier durch Reizung zur Eiablage zu bewegen.

4. Die Legeröhre.

Die Legeröhre ist durch mehrfache Beschreibungen so weit bekannt, dass ich auf ihre ausführliche Schilderung verzichte. Nur einige
Einzelheiten will ich nachtragen.

Zunächst sei festgestellt, dass auch das weibliche Abdomen,
von ihr abgesehen, aus 5 Segmenten besteht. Die Sternite sind an
den Ecken mehr abgerundet und ventral schwächer behaart als beim
Männchen; sonst sind die Verhältnisse die gleichen hier wie dort
(Fig. 14). Im 5. Segment liegt die 4gliedrige Legeröhre.

MEIGEN (51) zu Folge besässe sie 3 Abschnitte; LACAZE-DUTHIERS

(53) dagegen hat bei *Eristalis tenax* eine aus 3 Gliedern und 5 Stücken um den After gebildete Röhre gefunden und diese Analstücke genau beschrieben. Sie sollen einem 10. und 11. Segment angehören; das 9., von dem sich bei Verwandten, *Volucella* und Syrphiden, noch Rudimente erhalten hätten, sei bei *Eristalis* verschwunden. Nach seiner Angabe liegen die Dinge bei unserer Gattung ähnlich, nur etwas einfacher.

Ich kann dieser Behauptung im Allgemeinen nur zustimmen, so weit sie anatomische Thatsachen betrifft, wenn man unter der Vereinfachung eine Verminderung der Analstücke auf 4 verstehen will, deren oberes aber am Vorderende deutliche Spuren einer Zweitheilung aufweist. Mit der morphologischen Deutung dieser Stücke aber wird man sich jetzt nicht mehr einverstanden erklären. Zunächst ist es wohl als sicher anzunehmen, dass die beiden seitlich liegenden — die ich mit KOLBE (92) Genitaltaster nenne — nichts mit Segmentplatten zu thun haben. Das dorsale und ventrale aber wird man als Tergit und Sternit eines Segments auffassen, wenn man nicht auf HEYMONS' (95a) Befunde bei niedern Insecten hin ihnen die Segmentnatur überhaupt streitig machen will. Ein Beweis lässt sich m. E. in solchen Fragen noch nicht führen; ich will nur daran erinnern, dass PEYTOUREAU (95a) ähnlich gestaltete und gelagerte Stücke bei den männlichen Schmetterlingen als Segmentplatten in Anspruch nimmt. Da bei *Calliphora* die fraglichen Theile durch Intersegmentalhäute von dem vorhergehenden 8. Segment getrennt sind und auch die segmentalen Retractoren (Fig. 15 *re*) zu ihrem Vorderrand verlaufen, so bin ich vorläufig geneigt, mich letzterm Autor anzuschliessen.

Das 8. Segment zeigt eine ausgebildete Zweitheilung des Tergits. Der Raum zwischen den Stücken festen Chitins ist aber nicht durch eine Segmentalhaut ausgefüllt, sondern durch ein blasses, mit kleinen Buckeln besetztes Chitinfeld. Man sieht seinen Durchschnitt in Fig. 15. Die gewölbten Plättchen liegen isolirt; sie sind unregelmässig begrenzt, in der Mitte verdickt und manchmal mit kurzen, starken Zähnchen besetzt. Es hat den Anschein, als habe man in den übrigen ebenfalls Basalplatten solcher Zähnchen vor sich, die ihre Aufsätze verloren haben. Gegen den Rand des Feldes hin rücken sie dichter an einander, verschmelzen weiter aussen, und noch in grösserer Entfernung vom Rand kann man auf dem anscheinend homogenen Chitinstück die undeutlichen Grenzen von derartigen Plättchen bemerken.

Noch besser tritt dies an dem 8. Sternit hervor, an dem von

vorn nach hinten ein völlig continuirlicher Uebergang zur „schildplattartigen" Felderung, wie VERHOEFF (94) eine ähnliche Erscheinung bei *Lygistopterus* genannt hat, stattfindet. Sie reicht bei unserm Sternit nicht bis zum Hinterrand; dieser wird vielmehr durch zwei mit Borsten besetzte, symmetrisch gelagerte Plättchen harten Chitins gebildet. Wir haben hier vielleicht die Andeutung einer Spaltung der Ventralplatte.

Ich habe schon bei der Besprechung des männlichen Copulationsapparats erwähnt, dass die Beobachtungen von HEYMONS (95a) jede Zweitheilung eines Sternits bei Orthopteren unwahrscheinlich machen. Ich habe aber auch ausgeführt, dass mir damit für unsere Ordnung ein gleicher Nachweis noch nicht erbracht zu sein scheint. Sollte sich indessen auch für sie diese Angabe bestätigen, so müsste man unsere Chitinplättchen für Rudimente von Anhängen erklären, wie man sie ja häufig in der Umgebung der Geschlechtsöffnungen antrifft. Für jetzt muss ich dies dahin gestellt sein lassen, da die Untersuchung von *Calliphora* keine weiteren Kriterien dafür oder dawider ergiebt.

Dicht hinter dem 8. Sternit liegt die weibliche Geschlechtsöffnung. Sie hat also dieselbe Lage, wie bei *Tabanus* und anderen nach LACAZE-DUTHIERS (53): in der Intersegmentalhaut zwischen dem 8. und 9. Sternit.

Von einer solchen Haut ist indessen bei *Calliphora* zunächst nichts zu sehen. Vielmehr liegt das Orificium als breiter Spalt unmittelbar zwischen den Rändern der Sternite. Eine Intersegmentalhaut zwischen 8. und (hypothetischem) 9. Segment ist überhaupt am Totalpräparat nicht zu entdecken, auch nicht, wenn man die Segmente aus einander zu zerren versucht. Demgemäss kann das 9. auch nicht in das 8. eingezogen werden.

Auf Schnitten findet man aber doch die in Rede stehende Haut. Sie ist allerdings sehr kurz, in der dorsalen Medianlinie kaum nachzuweisen, indessen an den Seiten in typischer Ausbildung vorhanden. Wo sie jedoch am Vorderrand des 9. Sternits entspringt, zieht sie nicht geradeaus nach vorn zum 8., sondern schlägt sich dorsalwärts um, läuft etwa 150 μ nach oben, wendet sich dann ventral und setzt nun erst an die 8. Bauchplatte an. So bildet sie also die Wand eines gestreckten Säckchens, das, auf der Grenze zwischen 8. und 9. Segment gelegen, halbwegs bis zur Rückendecke der Legeröhre ragt (Fig. 15 *vu*). Auch sie ist, wie jede andere, mit den charakteristischen Kuppelstacheln besetzt. Nur ein Bezirk auf der Vorderfläche ist glatt. Es ist das die Umgebung der spaltförmigen Vaginalöffnung

(*m*), welche die ganze Breite des Säckchens — ich nenne es **Vulva**
— einnimmt. Der Oberrand dieser Vaginalmündung springt lippenartig
ein kurzes Stück in unser Säckchen vor. Am Unterrand schliesst ihre
glatte dicke Chitinlamelle nicht ab, sondern bildet noch eine Strecke
abwärts die Bekleidung der Vulva; dieser verdickte Bezirk der Chitin-
haut in der Vulva aber endet unten mit einer nach vorn gerichteten
Falte, die in der Medianebene flach, seitlich davon vertieft und mit kleinen
Zähnchen besetzt ist (Fig. 15 *tv*). Sie dient zur Aufnahme der
Parameren bei der Copula. Eine entsprechende Einrichtung
bei andern Insecten fand ich nur von Suckow (28) beschrieben; *Melo-
lontha* hat am Ende der Scheide „jederseits eine kleine Höhle, in welche
die Schenkel der zangenartigen Hülle der Ruthe während der Begattung
eingreifen, um das feste Zusammenhängen beider Theile zu bewirken".

Die Vulva und ihre Umgebung zeigen noch einige weitere An-
passungen an die Bedürfnisse der Copulation. Wir finden
da zuerst ein Muskelpaar, das von der Partie am 9. Tergit, wo die
Genitaltaster (*gt*) eingelenkt sind, entspringt, in schrägem Verlauf
neben dem Afterdarm vorbeizieht und auf beiden Seiten der Medianlinie an der Dorsalwand der Vulva und dem Vorderrand des 9. Sternits ansetzt (Fig. 15 *di*). Ihre Contraction dilatirt die
Vulva. In seitlicher Richtung wird die letztere durch zwei Spangen
des 9. Sternits ausgespannt erhalten, die dem Seitenrand ihrer Dorsalwand eingelagert sind. Die Spangen sitzen dem 9. Sternit vorn auf,
so zwar, dass sie Verlängerungen seines umgebogenen seitlichen Randes
bilden, erstrecken sich in leichtem, nach aussen gerichtetem Bogen nach
vorn und enden mit gegen einander gekrümmten Knöpfen. Sie werden
also wie Federn gegen einen Körper wirken, der sich zwischen sie drängt.

An ihr Vorderende setzt je ein Muskel an, der von den Längs-
muskelzügen um den stark an der Rückendecke befestigten Enddarm
abzweigt und von vorn her an die Spangen herantritt. Ein anderer
paariger Muskel (*le*) heftet sich an die 9. Bauchplatte; er entspringt vom 9. Tergit und liegt zwischen dem Dilatator (*di*) und dem
Afterdarm (*a*). Die vereinte Arbeit dieser Muskeln bringt
die Vulva in die geeignete Lage für die Copula, wahrscheinlich auch für die Eiablage. Wenn der Muskel *le* (Fig. 15) sich
contrahirt, hebt er das 9. Sternit nach oben. Gleichzeitig wird es
durch die Muskelinsertionen an den Spangenenden nach vorn gezogen
werden. Dabei aber erweitert sich die spaltförmige Vulvenöffnung,
und ihre Ebene wird senkrecht gestellt; sie sieht jetzt nach hinten.
Es ist ohne Weiteres klar, dass damit für das Einschieben des Penis

in die horizontal gerichtete Vagina günstigere Verhältnisse geschaffen werden.

Die hier geschilderte Ausbildung einer von der Vagina wohl abgesetzten Vulva scheint mir nun ein theoretisches Interesse zu gewinnen, wenn man sich der Resultate erinnert, die PALMÉN (83, 84) bei seinen Untersuchungen an niedern Insecten gewonnen hat. Bekanntlich entdeckte er, dass sich die weiblichen Geschlechtsausführgänge der Ephemeriden mit paariger Mündung auf einer Intersegmentalfalte öffnen — die Lage der Falte am Abdomen kümmert uns jetzt nicht. Er hat weiter einen Befund GERSTÄCKER's (74) an *Nemura lateralis* herangezogen: bei ihr münden die Oviducte in eine unpaare Vagina, die ganz das Aussehen einer glockenförmigen Intersegmental-Faltenerweiterung hat, da sie zwischen zwei mit ihr verwachsenen und vom Rande eines Sternits ausgehenden „leistenartigen Erhebungen" ausgespannt ist. Deshalb hält PALMÉN diese Vagina für das Product einer solchen Intersegmentalhaut; und er glaubt ferner, dass die Scheiden aller höheren Insecten aus ähnlichen Ursprüngen entstanden seien; ihre Structur aber habe sich zweckentsprechend verändert und lasse darum jetzt ihre phyletische Herkunft nicht mehr erkennen. HEYMONS (91) hat durch seine Beobachtungen an *Phyllodromia* diesen Anschauungen noch grösseres Gewicht verliehen. In der That sind sie ausserordentlich gewinnend; die entwicklungsgeschichtlichen Forschungen haben ja die Abstammung der Vagina vom Integument bei allen Gruppen erwiesen, während diejenige der angrenzenden Theile nicht überall die gleiche zu sein scheint.

Bei *Calliphora* ist nun offenbar ausser diesem längst assimilirten Stück ein neuer Bezirk der Intersegmentalhaut in den Bereich der ausführenden Gänge gezogen und seiner eigentlichen Bestimmung, die Verschiebung der harten Integumentaltheile gegen einander zu ermöglichen, entfremdet worden. Wie er aber in Lage und Function ganz dem Geschlechtsapparat angegliedert ist, so bezeugen andrerseits noch die Gestaltung seines Chitins, die Hypodermiszellenschicht, die unter diesem wegzieht, und die spangenartigen Bauchplattenfortsätze, die ihm eingelagert sind, seine morphologische Zugehörigkeit.

Entwicklungsgeschichtlicher Theil.

1. Einleitung.

Die Entwicklungsgeschichte der Gänge und Apparate, deren
Anatomie ich geschildert habe, fällt in ihrem Haupttheil in die
Puppenzeit unseres Thiers und ist so weit fast völlig unbekannt; ich
hob es schon zu Anfang dieser Arbeit hervor.
Nur einige Bemerkungen von WEISMANN (64) kann ich darüber
anführen. Danach werden die accessorischen Drüsen und Receptacula des Weibchens mit den Rectalpapillen gleichzeitig angelegt, bei
Sarcophaga am 11. Tag nach der Verpuppung; die Samenbehälter
haben zunächst eine glatte Intima, welche der spätern Eigenthümlich-
keiten noch entbehrt. Es folgen dann noch einige weitere Entwicklungs-
details, die aber fast alle späten Puppenstadien angehören, in welchen der
imaginale Geschlechtsapparat im Wesentlichen fertig ist und nur noch
geringen Wachsthums- und Structuränderungen entgegengeht, Stadien
also, die ich nicht mehr zu berücksichtigen gedenke. Wichtig für uns
ist hingegen die Angabe WEISMANN's, dass die Legeröhre wie der Penis
aus Hypodermiswucherungen des letzten Segments, nicht aber aus
Imaginalscheiben oder Abdominalringen entständen. Ueber den
eigentlichen Bildungsmodus hat er hier wie anderwärts, wo Theile
der Geschlechtsgänge oder der Copulationsapparate in Frage kommen,
nichts mitgetheilt. Ebenso wenig ist bei andern Autoren etwas
darüber zu finden.

Dagegen sind die larvalen K e i m e, von denen aus unsere Entwicklung
ihren Anfang nimmt, ektodermale wie mesodermale, mehr oder minder
eingehend untersucht worden; letztere ebenfalls von WEISMANN. Er
fand bei der 5 tägigen Larve, deren Keimdrüsen schon geschlechtlich
differenzirt sind, vom Hinterende der letztern einen zarten Zellstrang
ausgehen, von einer dünnen Cuticula umhüllt. Diese soliden Stränge
zeigen bei den Geschlechtern verschiedenes Verhalten; im männlichen
vereinigen sie sich, um dann als unpaares Gebilde noch eine Strecke
weit nach hinten zu ziehen und schliesslich frei zu endigen. In ähnlicher Weise hören auch die weiblichen Stränge inmitten der Gewebe
auf, aber ohne vorher eine Verbindung mit einander zu gewinnen;
wenigstens ist es so aus fig. 67 B von WEISMANN zu ersehen, während
im Text dieser Stränge nicht Erwähnung gethan wird. Jeder von
ihnen trägt in der Nähe seines Endes einen kurzen seitlichen Anhang,

wie ich derselben fig. 67 B entnehme. Bei der in Bildung begriffenen Puppe ist das Verhalten ein wesentlich gleiches, die Gänge aber länger gestreckt.

Ektodermale Keime sind von KÜNCKEL D'HERCULAIS bei *Volucella* entdeckt worden. Ich habe seine Arbeit leider nicht in Händen gehabt und bin deshalb auf die kurze Bemerkung angewiesen, die VIAL-LANES (82) darüber gemacht hat. Er schreibt: „au voisinage de l'anus il en trouva deux nouvelles paires destinées à former, en se développant, les pièces de l'anneau génital". Ob KÜNCKEL D'HERCULAIS diese Imaginalscheiben genauer geschildert hat, wie er insbesondere zu seiner Ansicht über ihre Bedeutung kommt, kann ich nicht wissen; ich glaube aber, dass seine Angaben nicht sehr weit gehen, da ihnen VIALLANES bei seiner überaus gründlichen Besprechung der einschlägigen Literatur sonst wohl eine genauere Darstellung gewidmet hätte.

Detaillirtere Beobachtungen über ähnliche Bildungen habe ich hingegen in einer Arbeit von PRATT (93) gefunden. Bei der Larve von *Melophagus ovinus* sah dieser zwei Paar flache Schläuche — er nennt sie Analscheiben — dicht vor dem After liegen, von denen er zwei Stadien im Einzelnen bespricht. Die junge Larve hat, genau genommen, nur 3 Scheiben, 2 kleine seitliche, welche je einen soliden Zellenhaufen dicht unter der Hypodermis darstellen, und zwischen ihnen eine bedeutend grössere, welche die Form eines quer liegenden flachen Schlauches mit verdickter Dorsalwand besitzt. Bei der alten Larve ist diese ursprünglich unpaare durch eine tiefe Grube in zwei Abschnitte getrennt worden, deren jeder eine scheibenförmige Einstülpung seiner Dorsalwand einschliesst. Die kleinen Scheiben sind jetzt von der Hypodermis abgelöst, haben ein Lumen, und ihre dorsale Wand ist verdickt. Alle vier Scheiben sind mit einander und mit der Hypodermis durch Stränge verbunden, welch letztere die Abstammung der fraglichen Gebilde aus Hypodermiseinstülpungen documentiren sollen; für die seitlichen ist diese Entstehung erwiesen, für die mediane höchst wahrscheinlich. Alle zusammen bilden im Lauf der Metamorphose die äussern Geschlechtsorgane.

Es ist bezeichnend für die nahe Verwandtschaft der Pupiparen und Musciden, dass bei *Calliphora* überaus ähnliche Verhältnisse bestehen. Man wird es aus der Schilderung meiner Resultate ersehen, die ich hier folgen lassen will.

Sie sind ebenso rasch darzustellen, wie ihre Gewinnung langwierig ist. Denn die Anlagen, um die es sich hier handelt, sind zwar einfach, aber zum Theil äusserst minutiös. Namentlich aber ist es sehr lästig, dass man für die Untersuchung der ersten Puppentage, in denen sich alle wichtigen Vorgänge vollziehen, gänzlich auf Schnittserien angewiesen ist; die Verklebung der harten Puppentonne mit der Hypodermis macht eine Präparation der zarten Imaginalscheiben und ihrer Derivate ganz unmöglich. Und ein sehr störendes Moment ist weiter die sprungweise Entwicklung unserer Apparate. Sie verschuldet es, dass man ausserordentlich viele Thiere von einem bestimmten Alter schneiden kann, ohne unter den Präparaten, welche immer wieder dieselben, kaum auf einander beziehbaren Stadien enthalten, auch nur eines zu finden, in welchem einer der rasch verlaufenden Uebergangszustände fixirt ist.

Glücklicher Weise ist die Erzielung guter Schnittserien keine so schwierige Sache mehr wie noch vor kurzer Zeit, ehe man die Anwendung hoher Temperaturen, dieses unschätzbare Conservirungsmittel für Insectenlarven und -puppen, erprobt hatte. Ich habe es mit den meisten angegebenen Flüssigkeiten versucht, mich aber später fast nur absoluten Alkohols von 70—75 ° C. mit etwas Sublimatzusatz bedient, wie ihn auch Van Rees schon unter anderem benutzt hat. Ich möchte aber anmerken dürfen, dass eine möglichst weitgehende Entwässerung des Alkohols unbedingt nöthig erscheint; der käufliche 99 proc. entspricht den Anforderungen durchaus nicht, sondern erzeugt oft empfindliche Schrumpfungen. Auch bei der weitern Behandlung sind wässrige Flüssigkeiten vom Uebel, so dass ich darauf achten musste, die Einwirkungszeiten aller wasserhaltigen Reagentien zu beschränken, so weit es im Interesse der Durchtränkung möglich ist, und ebenso übrigens diejenige des Paraffins; denn sie alle lassen schwache, aber doch bemerkbare Anfänge einer Maceration entstehen, die im Paraffin sogar weit genug fortschreiten kann, um die Schnitte zu entwerthen.

Ich gehe nun zu einer getrennten Darstellung der Entwicklung im weiblichen und männlichen Geschlecht, so weit ich sie verfolgt habe, über.

2. Die Entwicklung der Ausführgänge und Drüsen des Weibchens.

Gleich nach der zweiten Larvenhäutung, deren Ablauf sich uns nach den Beobachtungen von Leuckart (61) durch die neu gewonnene Dreizahl der beiderseitigen Stigmen am letzten Segment kenntlich macht, finde ich in diesem, dicht vor dem Anus auf dem Bauchintegumente ruhend, drei Gebilde, deren mittleres eine weitgehende Aehnlichkeit mit thoracalen Imaginalscheiben zur Schau trägt, während die beiden

seitlichen mehr den abdominalen gleichen. Ich will sie kurz mediane und Lateralscheiben nennen. Letztere entsprechen auch
in ihrer Lage einigermaassen den abdominalen Ventralscheiben, indem
sie jederseits medianwärts von den ventralen Ansätzen des segmentalen
Muskelbandes nahe dem Hinterrand des Leibesrings angebracht sind. Da
nun unser letztes Larvensegment der typischen Ventralscheiben entbehrt — denn die Bildner des Afterdarms möchte ich doch nicht, wie
KOWALEVSKY (87), als solche auffassen —, während die dorsalen sich
vorfinden, wie am ganzen Abdomen nahe dem Vorderrand des Ringes
gelegen, so trage ich kein Bedenken, die Lateralscheiben als
Homologa der ventralen in Anspruch zu nehmen; sie
haben aber gemäss der grössern Leistung, die von ihnen verlangt
wird, eine stärkere Ausbildung gewonnen. Sie enthalten nämlich viel
mehr Zellen als die übrigen ventralen Anlagen; und deshalb sind sie
wohl auch, im Gegensatz zu jenen, aus dem Verband der Hypodermis
herausgedrängt worden. Sie sind ihr aber dicht aufgelagert, als kleine
Zellenkugeln von 30—40 μ Durchmesser, an denen keine weitere
Differenzirung, namentlich auch keine Spur einer Höhle zu entdecken
ist; Fig. 30 zeigt einen Schnitt durch ihre Mitte.

Etwas vor ihnen in der Mittelebene des Abdomens, ebenfalls dicht
auf der Hypodermis, doch nicht mit ihr verwachsen — liegt die Medianscheibe. Ihr Durchmesser in dorso-ventraler Richtung beträgt
30—35 μ, nicht mehr als bei den lateralen; dagegen verdient sie
wirklich den Namen einer Scheibe, da sie in der Länge 60—70, in
der Breite etwa 80 μ misst. Sie besteht aus zwei geschlossenen
Zellensäckchen (s. den Querschnitt in Fig. 28), deren eines im andern
steckt. Das innere bildet die Wand einer Höhle, welche die Scheibe
zum kleinern Theil erfüllt; der grössere wird von einer dorsalen Verdickung dieser Wand eingenommen, die hier mehrere Schichten von
Kernen zeigt (Fig. 28 ekt). Dieses Säckchen ist, wie erwähnt, von
einem zweiten, einer gleichfalls zelligen Hülle umgeben (mes), deren
Kerne eine unregelmässig scheibenförmige Gestalt haben. Auf beiden
Seiten ungefähr in der Mitte der Längsausdehnung unserer Scheibe setzt
sich diese Hülle continuirlich in ein Ligament fort, welches zu ventralen
Tracheenstämmen hinzieht und in deren Epithel übergeht. Wir haben es
in den beiden Zellensäckchen mit dem imaginalen Epithel und der mesenchymatischen Anlage zu thun, wie sie wahrscheinlich allen Scheiben
zukommt.

Ueber die Entstehung unserer Scheibe vermag ich nichts
Bestimmtes zu sagen. Wahrscheinlich stammt wenigstens das Epithel (ekt) von einer — oder mehreren — Einstülpungen der Hypo-

dermis ab. Es steht zwar sicherlich nicht so mit dieser in Verbindung,
wie es VAN REES (88) von den Thoracalscheiben geschildert hat.
Aber es berührt sie fast noch, und die Art, wie es später zu ihr in
Beziehung tritt, spricht doch sehr für die geäusserte Ansicht; nicht
zum mindesten aber die Aehnlichkeit mit den Beinscheiben, über deren
Herkunft von der Hypodermis bei den neuern Autoren — KOWA-
LEVSKY (87), VAN REES (88) und VIALLANES (82) — ja wohl Uebereinstimmung herrscht. Die beiden letztern treten nun darin GANIN (76)
bei, dass das Mesenchym (bei Beinscheiben) durch eine Art De-
lamination aus der Scheibe selbst entsteht. Dem gegenüber muss ich
aber betonen, dass meine Bilder die Annahme eines andern Modus,
für unsere Scheibe wenigstens, nahe legen. Wie ich schon gesagt und
es meine Abbildung Fig. 26 veranschaulicht, hat die mesenchymatische
Hüllhaut jederseits einen Fortsatz, welcher die nämliche Structur wie
sie selbst zeigt; sie steht durch diesen Zellenstrang mit den Tracheen
des ventralen Fettkörperlappens in Verbindung. Dieser Strang ist
Anfangs relativ stark, in spätern Stadien wird er dünner und führt
dann selbst Tracheenäste, die ihre Verzweigungen auch in das Scheiben-
mesenchym senden. Letzteres ist bei der jungen Larve sehr scharf
vom Scheibenepithel abgesetzt, bei ältern verwischt sich diese Grenze
mehr. Kurz, es scheint nur alles dafür zu sprechen, dass die Mes-
enchymschicht von dem Tracheenepithel aus gebildet wird; da dieses ja
ektodermalen Keimen entstammt, so wäre an dem Vorgang nichts Ver-
wunderliches. Offenbar auf ähnliche Befunde hin hat WEISMANN (64) die
ganzen Thoracalscheiben, auch ihr Epithel, von der Tracheenmatrix abgeleitet, und VAN REES hat sich dieser Ansicht für die Flügelscheiben, wenigstens bedingt, angeschlossen. Vielleicht ist an diesen Bildungen Mesenchym und Scheibenepithel nicht so scharf geschieden, wie bei unserer
Medianscheibe, so dass wesentlich gleiche Erscheinungen dort eine andere
Deutung zu erfordern schienen, Erscheinungen, die sich dann in Wahrheit
von denen, wie sie VIALLANES geschildert hat, nur durch eine andere
Bildungsweise des Mesenchyms, nicht aber des Epithels unterscheiden.

Nach KOWALEVSKY (87) stammt das Mesenchym von Wander-
zellen ab. Ich habe an der Medianscheibe nichts gesehen, was darauf
hinzeigte, wohl aber an den lateralen. Sie sind in spätern Stadien
von Gruppen solcher Zellen umgeben, die sich indessen nicht zu einem
einheitlichen Gewebe zusammenfügen; ein solches ist an den Lateralscheiben überhaupt niemals nachzuweisen.

Schon früher zeigen sich an ihnen Differenzirungen anderer Art.
Ihre Zellen gruppiren sich radiär, wobei die Mitte der Kugel von

Zellen frei wird, und hier entsteht dadurch eine rundliche Höhlung, die vom 3.—5. Tag mehr und mehr an Raum gewinnt. Dadurch vergrössert sich das Gebilde ziemlich gleichmässig in allen Dimensionen, so dass sein Durchmesser am 5. Tag etwa 70 μ beträgt. Die Höhle nimmt davon in der Längsrichtung und Breite 60 μ ein, in der Höhe aber nur 40; es rührt dies daher, dass sich ihr Epithel an der innern, dorsalen Wand beträchtlich verdickt hat. Es enthält hier mehrere Schichten von kleinen gestreckten Kernen; an der Seite ist nur eine vorhanden, deren Kerne nach unten, wo die Scheibe der Hypodermis aufliegt, grösser und unregelmässiger werden und weiter von einander abstehen. Zu diesen Structurveränderungen parallel geht eine der Lage einher; indem der Anheftepunkt an der Hypodermis durch das Wachsthum des Segments grössern Abstand vom Anus gewinnt, wird auch die Scheibe nach vorn gerückt, bis sie ca. 140 μ von ihm entfernt ist.

Eine ähnliche Verschiebung erleidet die Medianscheibe. Da sie aber schon früher ein kurzes Stück vor der lateralen lag und man annehmen darf, dass je zwei Hypodermispunkte von bestimmtem Abstand an allen Stellen der Segmentoberfläche durch das Wachsthum eine gleiche Vergrösserung ihres Zwischenraumes erfahren, so rückt die Medianscheibe hierbei fast so weit von den lateralen nach vorn ab wie diese vom Anus, und ihr Hinterrand kommt in eine Entfernung von ¹/₄ mm von letzterm zu liegen. Ihr Vorderrand ragt noch 150 μ etwa weiter nach vorn; er ist in zwei solide Zipfel gespalten, die vom Scheibenepithel gebildet werden. Nach hinten erstreckt sich als Anhängsel des Scheibenhinterrandes ein sehr dünner Strang, der nur aus Mesenchymzellen besteht; er ist wohl 70 μ lang. Sonst finden sich nur Wachsthumsveränderungen an der Scheibe; sie misst jetzt, am 5. Tag, 200 μ in der Breite und 60 in der Höhe; namentlich die Höhle hat absolut und relativ zugenommen.

In den nächsten Tagen kommt das Längenwachsthum des Segments zum Stehen, und nun wird sein Einfluss auf die Lage der Scheiben durch deren Eigenvergrösserung theilweise compensirt. Alle drei wachsen nämlich beträchtlich in der Längsrichtung und nähern ihr Hinterende wieder dem Anus. Ihre Breite und Höhe nimmt ebenfalls zu. Gleichzeitig werden die Unterschiede zwischen ihren dorsalen und ventralen Wänden immer bedeutender. Erstere verdickt sich bei allen; letztere aber wird bei der medialen immer flacher und erinnert nun deutlich an die Hüllmembran (provisorische Membran GANIN, VIALLANES) der Beinscheiben. Das Mesenchym ist auf ihr fast verschwunden.

Am 10. Tag, wenn die Scheibe dem Anus auf etwa 180 μ nahe gerückt ist, setzt sich ihr Hinterende, welches bei ihrem Längenwachsthum einen, wenn auch geringen Abstand von der Hypodermis gewonnen hatte, durch eine Haut mit seltenern grossen Kernen an jene fest. Ein Gleiches erfolgt um dieselbe Zeit an den Lateralscheiben, welche jetzt etwa 100 μ vor dem After gelegen sind. Es ist aber hier nicht das Ende allein, sondern ein grösseres Stück der äussern Scheibenfläche selbst, welches eine Verbindung mit den Hypodermiszellen gewinnt. Der hintere Theil dieser Fläche besteht aus einer Plasmaschicht mit spärlichen grossen und unregelmässig eckigen Kernen, welche an einem Punkt sich zwischen die Hypodermiszellen zu drängen beginnen.

Von der 14-tägigen Larve, die zur Verpuppung bereit ist, habe ich diese Verhältnisse abgebildet, in Fig. 27 für die mediane, in Fig.31 für eine der lateralen Scheiben. Die Entwicklung ist noch etwas weiter fortgeschritten; in die äussere Wand der lateralen Scheibe hat sich eine spaltenförmige Fortsetzung der Scheibenhöhle eingeschoben, die auch schon zwischen die Hypodermiszellen gedrungen ist, so dass es aussieht, als bilde die ganze Scheibe eine Einstülpung dieser Zellenschicht, im Begriff, sich abzuschnüren. In Wahrheit aber bereitet sich hier eine Ausbreitung des Scheibenepithels an der Oberfläche des Abdomens vor, wie wir sie schon für die Beinscheiben kennen gelernt haben. Die Medianscheibe zeigt am Hinterende, welches der Schnitt Fig. 27 darstellt, ganz ähnliche Verhältnisse; doch sind es hier die Hypodermiszellen, zwischen denen die Spaltung beginnt, bestimmt, das Höhlenlumen nach aussen zu öffnen.

Die übrigen Veränderungen, welche unsere Scheiben seit dem 10. Tage durchgemacht haben, betreffen nur Grösse und Lage. Die senkrechte Ebene, in welcher das Hinterende der beiden lateralen gelegen ist, steht nun wieder dicht vor derjenigen des Afters. Das Ende der medianen Scheibe ist nur noch 150 μ von ihm entfernt. Die beiden soliden Auswüchse ihres Epithels am Vorderende haben sich etwas gestreckt; die Scheibe selbst hat eine Länge von 270 μ erreicht, gegen 220 μ bei der 10tägigen, ist also auch noch ein wenig nach vorn gewachsen. Ihre Breite beträgt 300 μ, ihre Höhe ca. 160, wovon über 90 auf die Höhle kommen. Die Lateralscheiben aber haben eine Länge von 110, eine Breite von 150 und eine Höhe von 140 μ erreicht; am vordern Theil, der noch nicht mit der Hypodermis verklebt ist, sind die letztern Maasse kleiner.

Bevor ich nun in die Schilderung der Puppenentwicklung eintrete, in welcher sofort der Umwandlungsprocess unserer Scheiben in eine beschleunigte Gangart verfällt, muss ich die mesodermalen Stränge kurz betrachten, um auch hier den Ausgangspunkt der eigentlichen Bildungsgeschichte der Geschlechtsgänge festzustellen; nach der bisherigen Annahme sind diese Genitalstränge ja deren wichtigster Factor. Ich brauche jedoch die Darstellung ihrer frühern Stadien nicht nachzuholen, denn ich habe für sie dem Bilde, welches WEISMANN (64) davon gezeichnet hat, nichts hinzuzufügen.

Bei der 14-tägigen Larve aber zeigen sie diesen Verlauf und Beschaffenheit. Sie beginnen an der Fläche der Keimdrüse, welche nach aussen und oben sieht, etwa in der Mitte von deren Länge. Gleich darnach verjüngen sie sich auf $^1/_5$ ihres anfänglichen Durchmessers, welcher jetzt nur noch 8—10 μ beträgt; diese Dicke behalten sie bis zu ihrem Ende bei. Sie bestehen aus dicht gedrängten, länglichen Zellen, deren nur 3—4 auf einem Querschnitt liegen, in einer hellen, stark lichtbrechenden Grundsubstanz eingebettet. Vom hintern Theil des viertletzten Segments, wo die Keimdrüse sich befindet, ziehen sie durch die beiden folgenden bis ins letzte, das 8. hinter den thoracalen, und setzen sich dort an den grossen lateral-ventralen Tracheenast an, wobei ihre Zellen continuirlich in das an dieser Stelle verdickte Tracheenepithel übergehen. Von einer Spaltung des Endes in vier Fäden, wie sie BESSELS (67) beschreibt, ist vorläufig bestimmt nichts vorhanden. Ihren Weg durchmessen sie nicht in gerader Linie, steigen vielmehr jedes Mal beim Eintritt in ein weiteres Segment eine Strecke lang abwärts. Im 6. und 7. abdominalen Leibesring empfangen sie nun am Hinterende dieses schräg nach unten gerichteten Abschnitts je einen eigenthümlichen Anhang.

Deren erstes Paar ist kurz, ein jeder misst etwa 100 μ; sie laufen von ihrer Ansatzstelle am Genitalstrang ab gerade nach vorn. Auch die beiden, welche im vorletzten Segment gelegen sind, ziehen nach vorn und der Mitte zu; sie sind wohl 4 mal so lang wie die erstern. Ihre Structur gleicht derjenigen der Genitalstränge, nur in der Nähe des Zusammenflusses mit diesen zeigen sie spärlichere Kerne und eine fasrige Beschaffenheit der Grundsubstanz. Wir sehen also, die Genitalstränge des letzten Leibesrings stellen eigentlich die Vereinigung von drei segmental angeordneten Zellensträngen dar; nehmen wir an, dass jeder von ihnen, wie in Wahrheit nur der erste, von einer Keimdrüse ausginge, so hätten wir das Bild, welches NASSONOW (86) für beide Geschlechter der Imago von *Lepisma saccharina* geschildert hat. Aehnliche Anhänge der Genitalstränge, die wohl dieselbe Deutung erfahren müssen, hat BESSELS (67) bei *Gastropacha-* und *Euprepia-*Arten beobachtet; WHEELER (93) konnte dagegen bei Locustiden, HEYMONS (95 b) bei Grylliden, Blattiden und Dermapteren bald im männlichen, bald im weiblichen Geschlecht gesonderte Anlagen der d i s t a l e n Abschnitte der Vasa deferentia resp. Oviducte in zwei Segmenten feststellen. WHEELER wie HEYMONS sind daher geneigt, in den Geschlechtsausführwegen Homologa von segmentalen Nephridialgängen zu sehen, eine Annahme, die schon früher NASSONOW (86) zu begründen suchte. Jedenfalls verleiht mein Befund dieser Ansicht eine neue Stütze.

Wir können uns nun der P u p p e n e n t w i c k l u n g zuwenden. Da muss ich aber zunächst darauf aufmerksam machen, dass meine Zeitangaben nicht ohne Weiteres auf diejenigen WEISMANN's bezogen werden dürfen. Meine Präparate entstammen meist Hochsommer-bruten, bei denen die Puppenzeit nur 12—13 Tage gewährt hat; in ihnen sind die Receptacula, um einen Vergleichspunkt festzulegen, am 6. Tag schon so weit entwickelt wie bei den Puppen WEISMANN's am 11.

Wenn die Puppenhäutung erst wenige Stunden vollzogen ist, finden wir schon beträchtliche Veränderungen an unseren Keimen. Die Ovarialanlagen sind weit nach hinten gerückt; die Genitalstränge haben sich sehr verkürzt, von 4 mm auf nicht ganz $1^1/_2$, und ihre hintere Anheftung an Tracheen aufgegeben: sie enden jetzt frei im Fettkörper. Wenn es richtig ist, dass durch ihre Verkürzung die Bewegung der Keimdrüse zu Stande kommt, so liegt es nahe, anzunehmen, dass die Fixirung an Tracheen nur dazu gedient hat, diese Verrichtung möglich zu machen.

An den Medianscheiben sind die beiden vordern Epithelwucherungen hohl geworden. Ich habe sie im Querschnitt auf Fig. 29 (*pod*) ge-zeichnet; man sieht, dass sie von einer Menge mesenchymatischen Materials umgeben sind. Des Weitern ist die ganze Scheibe in die Breite gewachsen; ich mass 380 μ, aber immer noch 270 und 160 in Länge und Höhe. Die lateralen Gebilde haben viel stärker zugenommen; Länge wie Breite beträgt 200 μ. Sie haben sich dabei hauptsächlich nach der Mittellinie zu und nach hinten gestreckt, so dass sie jetzt mit dem Ende neben dem Anus liegen, und die ventrale Spalte, welche von ihrer Höhle aus nach der Hypodermis durchbricht, sich fast am late-ralen Rand der Scheibe und nicht mehr in ihrer Mitte befindet. Diese Spalte hat übrigens bei beiden an Längenausdehnung gewonnen und nimmt nun $^2/_3$ des lateralen Scheibenrands ein; die Zellen der Hypodermis sind jetzt auch von ihr aus einander gedrängt, und diese biegt daher am Oeffnungsrand in die Scheibenwände um.

In den nächsten Stunden vergrössert sich einzig die Breite der drei Scheiben. Bei der 15stündigen Puppe beträgt sie bereits 550 μ etwa für die mediane, 250—300 für die lateralen. Und ohne dass diese Grössenentwicklung zum Stillstand kommt, hebt dann ein anderer Process an. Die Lateralscheibenhöhlen gewinnen an den besprochenen Längsspalten eine klaffende Oeffnung nach aussen, und ihre dorsale Wand wird wie durch einen Zug an der Umschlagsstelle in die Hypodermis nach unten in deren Ebene verlagert und hier ausgebreitet: es resultirt daraus eine Vergrösserung der Segmentoberfläche. Gleichzeitig öffnet sich in derselben Weise die Medianscheibe am Hinterende, so dass ihr hinterer Theil jetzt eine offene Grube darstellt (Fig. 32 *hm*, die geöffnete Höhle). Nach dem Anus hin verstreicht diese allmählich; hier findet auch eine rege Zellvermehrung an den Rändern der drei Scheiben statt, wodurch der Anus aus seiner ventralen Lage nach oben gleichsam gedrängt wird. Bei der 24stündigen Puppe sehen wir ihn am Hinterende; vor ihm breitet sich gleichmässig eine Fläche imaginalen Epithels aus, die vorn continuirlich in dasjenige der Grube und weiter der dorsalen Wand der Medianscheibenhöhle übergeht und auch in der Umgebung der Grube sich noch eine Strecke dorsalwärts dehnt. Es haben sich also die von den drei Scheiben gebildeten Strecken vereinigt, indem die seitlichen Bezirke von hinten und der Seite an den mittlern herangetreten und mit ihm, sowie hinter ihm wahrscheinlich mit einander verschmolzen sind. In Folge dessen ist aber natürlich die ehemalige hintere Grenze des Medianscheibenepithels nicht mehr festzustellen; als seitliche kann man wohl die Ränder der Grube ansehen, wenigstens sicher an ihrem vordern Theil.

Der dorsale Grubenboden ist nun in der Mitte stark nach unten vorgewölbt, vielleicht eine directe Folge des Turgors der Gewebe über ihm im Innern des Abdomens; denn nur am geöffneten Theil der Scheibe macht sich die Erscheinung bemerklich. An dieser Wölbung zeigen sich zwei symmetrische Einstülpungen (Fig. 32 *kdg*), wenn die Puppe 30 Stunden alt ist. Sie wachsen binnen Kurzem zu zwei Schläuchen aus, deren Ende nach vorn zeigt. Bei der 48stündigen Puppe ragen sie über die Scheibenhöhle weg bis fast zu der Stelle, wo diese sich in die zwei vordern Ausstülpungen (Fig. 27 *pod*) fortsetzt.

Diese letztern Blindsäcke (*pod*) sind weiter als früher aus einander gerückt; dicht hinter ihnen aber entstehen um diese Zeit, ebenfalls dorsal gerichtet, zwei Ausstülpungen des Höhlenepithels, welche zwischen ihnen so weit, wie sie selbst, nach vorn ziehen. In den Figg. 35 und 36 habe ich diese Verhältnisse von einer 60 stündigen Puppe gezeichnet. Man sieht in Fig. 35 die Gänge *kdg* nahe ihrem Vorderende quer getroffen, und an der Decke der Scheibenhöhle (*hm*) den Anfang der letzt angelegten Divertikel (*pr*[1]). Fig. 36, in der Serie um 8 Schnitte weiter oralwärts gelegen, zeigt deren vordern Theil, wie auch den vordersten Anschnitt der Scheibenhöhle und ihre noch mehr seitlich verlagerten vordern Blindsäcke (*pod*).

Ich will nun gleich feststellen, dass wir in letztern die Anlagen der paarigen Oviducte kennen gelernt haben, wie in den Gängen (*kdg*), welche am Boden der Grube (*hm* Fig. 33, 34) entspringen, die Kittdrüsen. Die Ausstülpungen (*pr*[1] Fig. 35, 36) zwischen und über den Oviductanlagen aber geben keinem Gebilde des imaginalen Apparats den Ursprung, sondern sind schon in der 4 tägigen Puppe wieder völlig verschwunden. Sie stellen also wohl eine rudimentäre Drüsenanlage dar, und ich glaube nicht fehl zu gehen, wenn ich sie für die Homologa der Prostatadrüsen des Männchens halte, welche bei diesem an der nämlichen Stelle angelegt werden — wir werden es später sehen.

Diese Auffassung hat zur Voraussetzung, dass die Prostatadrüsen den Kittdrüsen des Weibchens nicht entsprechen. Das scheint mir aber durch ihre verschiedene Bildungsstätte noch mehr als durch ihre verschiedene Anbringung bei der Imago bewiesen. Und nicht nur für unsere Gruppe, sondern für alle Insecten, so weit sie untersucht sind, kann ich dies feststellen.

Die erste genauere Beschreibung stammt von NUSBAUM (82). Im vordern Theil seines „hintern Keims" fand er beim männlichen Thier zwei Schläuche, die zu den Nebendrüsen werden, im mittlern eine unpaare Höhle: den Ductus ejaculatorius. Beim Weibchen aber entsteht aus den zwei Höhlen im vordern Theil des Keims der Uterus, aus der unpaaren des mittlern die Vagina, und an ihrer Dorsalseite bilden sich die paarigen Anlagen der später einfachen Nebendrüse. Aehnlich hat es WITLACZIL (84) für ovipare Aphiden geschildert: die männlichen Nebendrüsen am Vorderende seiner unpaaren „accessorischen Genitalanlage" zwischen den Ansätzen der Vasa deferentia, die weiblichen weiter hinten an der Dorsalseite des Keims. Er betont ausdrücklich, dass die Drüsen in beiden Geschlechtern deshalb nicht homolog sein könnten. Bei Lepidopteren, speciell *Vanessa Jo*, bilden sich nach JACKSON (90) die Drüsen des Weibchens aus dem obern Theil einer „posterior hypodermic vesicle", deren unterer Abschnitt zum Hinterende des „azygos oviduct" wird. Beim Männchen von *Bombyx mori* aber sollen nach VERSON und BISSON (95, 96) die Nebendrüsen sogar aus den Genitalsträngen hervorspriessen, vor ihrer Ansatzstelle am Vorderende der HEROLD'schen Tasche — des ektodermalen Keims.

Für alle andern Gruppen mangelt es noch an eingehenden Darstellungen; nach den gleichartigen Ergebnissen aber, wie sie durch die Untersuchungen an weit von einander abstehenden Ordnungen gewonnen sind, kann man wohl die verschiedene Werthigkeit der Drüsen in beiden Geschlechtern als wahrscheinlich für alle Insecten erachten. Es hat also wenig Ueberraschendes, einer rudimentären Anlage der männlichen Nebendrüsen beim Weibchen zu begegnen — ein Vorkommen, das ich constatirt zu haben glaube.

In der letzt besprochenen Serie von der 60 Stunden alten Puppe, welcher die Schnitte Figg. 33—36 entnommen sind, finden sich noch einige weitere Anlagen. Zunächst dicht vor den Mündungen der Kittdrüsen (*kdg*) eine unpaare Einstülpung (Fig. 34 *sk*), noch sehr klein, nur auf einem Schnitt zu sehen: das erste Auftreten der Receptacula. Ausserdem aber liegen zu beiden Seiten der Kittdrüsen-Orificien taschenförmige Einbuchtungen des Epithels (Fig. 33 *fa*), deren oberer Theil weiter nach vorn ragt als die Spalten ihrer Eingänge; in Fig. 34 ist deshalb oben ihre Höhle noch zu sehen, bei *fa*[1], während ihr unterer Theil schon verschwunden ist. Zu Anfang des 4. Tages verschwindet das Lumen dieser Tasche, die Wände legen sich auf einander, und die Grenze zwischen ihnen wird undeutlich. Es zeigt sich dann, dass die ganze Bildung nur dazu gedient hat, das Zellenmaterial für einen Hügel zu liefern, dessen ventrale Wölbung die Grube fast ausfüllt. Es ist dieselbe Wölbung, die schon vorher von dem dorsalen Epithel der Grube hergestellt war (Fig. 32); jetzt aber ist ihre Epithelschicht so verdickt, dass deren obere Grenze ungefähr wagrecht verläuft. Man sieht den Zellenhügel in den Figg. 37, 40, 41 bei *gr*: es ist die spätere Mündungspapille (-falte) der Kittdrüsen und Receptacula.

Gleichzeitig, zu Anfang des 4. Tages, wachsen die Falten, welche den Grubenboden zu beiden Seiten umgeben — oder die Grube (*hm* Fig. 32—34) bilden, wenn man will — gegen einander und verschmelzen von vorn nach hinten, dergestalt, dass ihr äusseres Blatt zur imaginalen Hypodermis, das innere zur hintern Fortsetzung der Ventralwand unserer Medianscheibe wird. Es hat den Anschein, als würde damit diese Scheibe wieder hergestellt, nur hinten mit weiter Oeffnung nach aussen mündend. Es ist mir aber nicht sicher, dass die neue Bildung nur mit dem Zellenmaterial der Medianscheibe bestritten wird, vielmehr halte ich dafür, dass die Lateralscheiben möglicher Weise daran betheiligt sind.

Ich sagte schon bei der Besprechung des 24stündigen Stadiums, dass nur der vordere Theil der seitlichen Wälle um den Grubenboden wie dieser selbst sicher der Medianscheibe entstammten; die ganze Grube mit Scheibenrest ist beträchtlich länger, als die Scheibe es vor der Oeffnung war, und es kann wohl sein, dass das Epithel des hintern Grubentheils sammt Umgebung von den Lateralscheiben herrührt. Messungen nützen hier nichts, weil alle einzelnen Theile bei dem Vorgang der Scheibenepithelausbreitung auf der Oberfläche des Abdomens im Wachsthum begriffen sind.

Es bleibt in Folge dieser Entwicklungseigenthümlichkeit, wie ich hier gleich hinzufügen will, auch ungewiss, ob die neugebildete Anlage der Mündungspapille und die Nebendrüsen Derivate der Lateral- oder der Medianscheibe sind, und selbst die Zugehörigkeit des Uterus, welcher noch ein Stück über die Papille weg nach vorn ragt, wie natürlich diejenige der dahinter gelegenen Vagina, wird sich nicht feststellen lassen.

Von letzterer ist übrigens in unserm Stadium noch nichts vorhanden, vielmehr öffnet sich die neugebildete Röhre dicht hinter dem geschilderten Zellenhügel (*gr*) nach aussen. Dahinter ist die Spitze des Abdomens ganz von imaginalen Hypodermiszellen umgeben, deren Ausbreitung auf die Dorsalfläche übergegriffen und auch den Anus dahin verdrängt hat.

Nun erfolgt aber, um die Mitte des 4. Tages, ein Process, der mit einem Schlag am Hinterende des Apparats die Configuration schafft, welche wir an der Imago kennen gelernt haben. Es bildet sich nämlich rings um das Hinterende des Abdomens, gerade in Höhe der neuen äussern Oeffnung des Geschlechtsgangs eine Falte der imaginalen Hypodermis. Oben und an den Seiten entwickelt sie sich schwach, unten aber schiebt sie sich ein ansehnliches Stück über die Hypodermis des dahinter liegenden Abschnitts weg. Die Gewebspartie, welche ihren Rand bildet, lag gerade vor der hintern Mündung des neu gebildeten Uterusabschnitts: letztere befindet sich jetzt auf dem innern, dorsalen Blatt der Falte. Deren äusseres stellt aber das Integument des 8. Segment dar, das nun vom hintersten sich gesondert hat: unser

Geschlechtsgang mündet also jetzt auf der Intersegmentalhaut zwischen diesen beiden Leibesringen.
Auf Fig. 37 sieht man bei hy^1 die beiden Lamellen, welche die
Postsegmentalhaut des 8. und die Ventralfläche des 9.
Segments repräsentiren, nahe ihrer vordern Umbiegung in einander; zwischen
ihnen den Raum, welcher die spätere Vulva darstellt;
darunter aber das 8. Segment, das auf weiter vorn gelegenen Schnitten
das in der Abbildung oben befindliche 9. ganz umfasst. An letzterm
erblicken wir den Anus (a) und im 8. die hintere Verlängerung der
Medianscheibenhöhle (hm), welche hier durch dazwischen gewachsenes
Mesenchymgewebe von der Ventralfläche weit abgehoben ist. Fig. 38,
vier Schnitte weiter hinten, zeigt ihre klaffende Oeffnung auf die
Intersegmentalfalte (vu).

Wir bemerken in dieser Figur weiter, dass das 9. Segment hinten
drei Höcker trägt. Es sind die Anlagen der Segmentalplatten und
Genitaltaster, welche hier am Hinterende ein kurzes Stück frei vor-
ragen; weiter vorn sind sie verwachsen (Fig. 37). Späterhin, am
6. Tag, theilt sich jeder der beiden obern (c) in einen äussern und
innern Abschnitt, über und zur Seite des Anus gelegen (Fig. 45). Die
äussern werden zu zwei Genitaltastern (gt), die innern verbinden sich
zum 9. Tergit, das also, wie bei den meisten Insecten im Imaginal-
zustand, hier wenigstens im Ursprung eine Zweitheilung zeigt.

Schon früher, am 4.—5. Tag, bildet sich als neue Falte vor dem
8. das 5. Segment, und ebenso etwas später zwischen beiden zwei weitere;
ich komme auf diese einfachen Verhältnisse nicht zurück und will nur
noch bemerken, dass der Bezirk, an welchem die Falten entstehen,
von einer imaginalen Hypodermis bedeckt ist, welche sich von hinten
und den Seiten her bis über den hintern Dorsaltheil des Abdomens
verbreitet hat, also unabhängig von den Dorsalscheiben des
letzten Larvensegments aus dem Epithel der Lateralscheiben ihre Entstehung genommen hat.

Ich kehre zu den Geschehnissen des 4. Tags zurück. Es beginnt jetzt zunächst eine rege Zellenproliferation an dem sehr kurzen
Stück zwischen Orificium des Gangs und Mündungshügel der Kittdrüsen (gr Fig. 37). Dadurch rückt dieser immer weiter von der
Oeffnung ab: die Vagina bildet sich aus. Gleichzeitig erfährt der
Hügel selbst eine Vergrösserung seiner Masse, die mit einer Ab-
plattung in der Richtung von vorn nach hinten einhergeht. Er neigt
sich dabei nach hinten und wächst in dieser Richtung frei ins Innere
der Vagina hinein (Fig. 39 gr); die Kittdrüsengänge verlängern sich

mit ihm und ihre Mündungen bleiben immer dicht vor seiner Spitze liegen. Etwas weiter vorn aber, an seiner Ventralfläche, finden wir die Samengänge im Entstehen begriffen; da die Ausbildung ihres Endabschnitts vom vordern Hügelende zum hintern allmählich fortschreitet, kann ich an einer Schnittserie alle Stadien des Processes aufweisen.

An dem Hügel ist eine Grube entstanden, mit je einer Längsleiste in der Mitte ihrer beiden Seitenwände (Fig. 40). Von vorn nach hinten sind dann die beiden Leisten mit einander verwachsen und ebenso die Ränder der Grube; von den beiden Röhren, welche so entstehen (Fig. 40 *vsk, lsk*), theilt sich die obere nochmals (Fig. 41 *lsk*).

Die blinden Vorderenden der drei Röhren aber durchbrechen die obere Begrenzung des Hügels und wachsen zwischen den Kittdrüsen nach vorn: es sind die drei Receptakelstiele. Ihre Lagebeziehungen kann man aus den Figg. 42 und 43 ersehen. Die beiden, welche sich später auf der linken Körperseite befinden, sind bis an ihr Ende dicht verbunden; eine Erweiterung ist bei allen dreien roch nicht vorhanden. Die Kittdrüsen dagegen zerfallen deutlich in den engen Gang und weiten Drüsentheil. Sie reichen jetzt nach vorn über die Ursprungsstelle der paarigen Oviducte hinaus, auch noch 40 μ über das Vorderende der Receptakelanlagen. Ihr Verlauf ist annähernd geradlinig, während die Oviducte sanft ansteigen; auf diese Weise ist ihnen das Ende der Drüsen sehr genähert (Fig. 44). Die Oviducte ziehen von da ab nach vorn, noch etwa 120 μ, und enden blind mit einer Zellenwucherung. Von einer Beziehung zu den Genitalsträngen ist nichts zu bemerken.

Ich muss nun deren Entwicklungsgang bis hierher nachträglich schildern. Wir fanden, dass sie bei der 1/2 tägigen Puppe etwa 1 1/2 mm lang sind und frei im Fettgewebe enden. Am Vorderende der Medianscheibe aber war die paarige Ausstülpung, die Anlagen der Oviducte schon vorhanden. Auch in den nächsten Stadien setzen die Genitalstränge nicht an diese an, wie man es nach den Befunden an andern Insecten erwarten könnte; sie werden vielmehr immer kürzer, und machen auch das Dickenwachsthum der andern Organe nur in sehr beschränktem Maasse mit: 20 μ ist der grösste Durchmesser, den sie erreichen. Sie beginnen bei der 2 tägigen Puppe am Hinterende des Eierstocks, welcher sich also um seine Axe gedreht hat; es ist ein derartiger Vorgang ja für viele Insecten beschrieben, auch für unsere Species durch Lowne (90). Die Stränge ziehen von der Keimdrüse aus nicht ganz 100 μ weit nach hinten, an vielen Stellen vom Fettgewebe umgeben, in dessen Zellen sie manchmal wie eingegraben liegen. Sie

haben jetzt streckenweise keine Kerne mehr und sind an solchen
Stellen sehr dünn; im Ganzen machen sie den Eindruck rudimentärer
Gebilde. Es ist deshalb nicht leicht, Verlauf und namentlich Endigung
sicher festzustellen, und wenn sie hier und da von Blutkörpern oder
Fettzellen allzu dicht umdrängt sind, muss man die homogene Im-
mersion für ihre Verfolgung durch die Schnittserie zu Hülfe nehmen,
um sie überall bestimmt auffinden und unterscheiden zu können; ich
habe mich aber von der Thatsächlichkeit des Geschilderten völlig überzeugen können.

In den nächsten Tagen, bis zum 5., wachsen nun die beiden hintern
Oviductanlagen durch starke Zellenvermehrung an ihrem blinden Ende
nach vorn weiter. Sie haben ein weites Lumen und zeigen an ihrem
vordern Endstück eine nicht sehr bedeutende, scharf umschriebene
Anschwellung in Folge der rasch auf einander folgenden Zelltheilungen.
In der Mitte des 4. Tages sind sie noch 550 μ vom Ovar entfernt,
sie messen dann selbst ca. 200 μ; zu Beginn des 5. sind sie wieder
um 50 μ in die Länge gewachsen, — und ich besitze des Weitern eine
Serie von Präparaten, in der sie den Keimdrüsen immer
näher kommen und sich endlich an sie ansetzen. Am
Ende des 5. Tages ist dieser Process schon vollendet. — Die Genitalstränge aber haben in der Mitte des 4. Tages nur eine Länge von
200 μ, am 5. zu Anfang eine von 170 μ etwa, so dass zwischen ihren
Hinterenden und den vordern der Oviducte ein Abstand von 350 μ
besteht.

Dieses ihr Hinterende ist aber jetzt in feine Stränge aufgelöst,
und es ist immerhin möglich, dass diese sich an die Oviductanlagen
heften; einige Präparate legen mir diese Annahme sogar nahe, wenn
auch eine Sicherheit bei der überaus grossen Zartheit dieser Zellen-
fädchen, welche von den Bindegewebsbälkchen in Mitten der zer-
fallenden Fettzellen kaum zu unterscheiden sind, schwerlich gewonnen
werden kann. Sollte aber auch die Annahme zutreffen, so würde dies
nichts an der Thatsache ändern, dass die Oviducte durch Pro-
liferation des Zellenmaterials der Medianscheibe entstehen und dass nur aus diesem Material vermittelst
Zelltheilung ihr Weiterwachsthum bestritten wird;
ich betone nochmals, dass ihr blindes Ende immer scharf gegen alles
umgebende Gewebe abgesetzt ist. Wenn also wirklich in spätern
Stadien die Genitalstränge Verbindungen mit ihnen gewännen, so
könnte jenen Strängen selbst dann nur etwa die Bedeutung von Leit-

bändern zugemessen werden: die Oviducte aber entstehen vom Anfang bis zum Ende aus ektodermalen Keimen. Nach dem 5. Entwicklungstag ist nun unser Apparat im Wesentlichen fertig. Es folgen fast nur noch Grössenänderungen und die Ausbildung der histologischen Structuren. Am 6. Tag streckt sich die Vagina sehr bedeutend, der Mündungshügel wird in der Richtung von vorn nach hinten platter, die Receptakelanlagen erhalten eine blasenartige Anschwellung am Ende, und ihre Mündungen verschmelzen gänzlich. Die Kittdrüsen, deren Vorderenden am 5. Tag nahe hinter denen der Oviducte diesen angelagert waren und gleichen Schritt mit ihrem Wachstum hielten, haben nun die Eierstöcke erreicht und in Folge weiterer Längsstreckung sich zu krümmen begonnen.

Eine wichtige Neubildung zeigt sich vor dem Mündungshügel (Fig. 46 pr). Es wuchert hier von der ventralen und den Seitenflächen eine Lamelle in das Innere des Ganges ein, die so einen untern Blindsack (uf) von dem obern Theil des Lumens (od) absetzt; das blinde Ende des Uterus ist auf diese Weise entstanden, und damit die Abgrenzung des Uterovaginalabschnitts vom Oviduct. Dieser bildet aber vorerst noch eine gerade Verlängerung der Vagina nach vorn. Erst durch sein eigenes starkes Wachsthum wird er in seine definitive Lage gedrängt; denn weil seine beiden Endpunkte am Ovar und Uterus fixirt sind, muss bei weiterer Längsvergrösserung sein hinterster Abschnitt sich aufrichten, die Mitte wird nach unten und vorn gedrückt, kurz, er legt sich in die S-förmige Schlinge, von der wir früher gesprochen haben.

Die letzterwähnten Vorgänge vollziehen sich aber erst am Ende der Puppenentwicklung, wenn die Wandstructuren fast überall am Apparat schon der Vollendung nahe sind. Ich gehe auf diese histologischen Processe nicht ein; sie unterscheiden sich nicht von denen, wie sie für andere Organe schon öfter geschildert sind. Ich will nur mittheilen, dass die wichtigsten Muskelzüge in der 4 tägigen, die spätern Compressores des absteigenden Oviducts, die dorsalen Längsmuskeln (Fig. 22 am) sogar in der 2 tägigen Puppe schon kenntlich sind und dass alle Gänge, bevor sie ihre imaginale Cuticula abscheiden, von einer Fortsetzung der äussern Puppenscheide, die WEISMANN (64) beschrieben hat, ausgekleidet erscheinen.

Ich muss aber noch von einer Anlage sprechen, welche sich erst am 12. Puppentage kurz vor dem Ausschlüpfen bemerklich macht. Die Mündungspapille (-falte) hat um diese Zeit durch weitere Verkürzung ihrer medianen basalen Längsaxe und schärfere Absetzung

ihrer Oberflächenschicht das Aussehen einer Falte gewonnen, die nach
hinten und unten gerichtet in das Lumen der Vagina hineinragt. Ihre
Basis hat sich auf beiden Seiten nach hinten verlängert und bildet
nun einen Bogen. In der Mitte zwischen dessen Schenkeln entsteht
eine neue Längsfalte (*mf*, Fig. 25); ich habe schon im anatomischen
Theil geschildert, wie sie sich an ihrem untern Ende später platten-
förmig ausbreitet und durch Aufwärtskrümmung der Seitenränder
dieser Zellenplatte und ihre Verwachsung mit der Vaginalwand die Begattungshöhlen hervorgehen lässt. Unter jener Zellenplatte aber legt sich
von vorn her eine Strecke weit die Mündungsfalte (*gr*) hinweg und verbindet sich am Rand mit ihr von vorn nach hinten, wie das in Fig. 25
bei *l* zu sehen ist (auf der linken Seite des Schnitts, welche die Gebilde
weiter hinten getroffen hat, ist die Vereinigung noch nicht hergestellt).
In der Mitte zwischen beiden bleibt eine Höhle bestehen (*i*), deren
Wände alsbald mit der Chitinabscheidung beginnen. Das Höhlenlumen wird damit gefüllt, und nach und nach geht das Wandepithel
selbst zu Grunde, wie auch fast alle andern Zellen der Medianfalte
durch eine chitinige Masse verdrängt werden. Endlich bleibt von
unsrer Falte nur das Rudiment zurück, welches Fig. 24 bei *mf* auf
dem Querschnitt zeigt; die Mündungsfalte (*gr*) aber, die nun
noch mehr abgeplattet wird, erhält sich als ein kappenartiger
Ueberzug um das Vorderende des neugebildeten Chitinhügels. Es ist der Begattungshügel, der bei der Imago ganz
einheitlich erscheint; nichts erinnert mehr daran, dass er aus zwei
getrennten Anlagen hervorgegangen ist, die dazu in sehr verschiedenen
Stadien der Puppenentwicklung ihren Ursprung genommen haben.

3. Die Entwicklung der Geschlechtsausführgänge und Copulationswerkzeuge des Männchens.

Ueber die ersten Larvenstadien kann ich kurz hinweg gehen, da
sie denen des Weibchens ganz entsprechen. Namentlich in allen
Punkten, welche die Lateralscheiben betreffen, kann ich nur auf meine
frühere Darstellung und Abbildungen verweisen; ich habe hier keinen
Unterschied zwischen den Geschlechtern bemerkt. Auch die Medianscheibe mit ihren beiden Schichten liegt an derselben Stelle und macht
dieselben Verschiebungen durch wie die weibliche. Die Gestaltung
ihrer Höhle und des umgebenden Epithels aber zeigt einige Abweichungen, und auch die Grösse ist nicht die gleiche wie dort. Ihre
Maasse sind nämlich viel beträchtlicher; ich fand 290 μ Längserstreckung bei der 10 tägigen Larve, während die Scheibe des Weibchens um diese Zeit etwa 220 μ lang ist. Und ferner umschliesst das

Epithel der männlichen Scheibe nur in den hintern $^1/_3$ ihrer Länge einen gemeinsamen Hohlraum; vorn ist dieser dagegen durch eine an der Basis doppelte Epithellamelle (Fig. 47 s) in zwei Höhlen geschieden, und von ihnen ist eine jede zum grössern Theil durch eine zapfenförmige Einstülpung des Epithels erfüllt, welche von hinten und oben in sie hineinragt (Fig. 47 z). Das umgebende Mesenchym füllt diese Zapfen mit einer Papille aus, wie es auch in die Scheidewand (s) ein Stück weit von unten eindringt.

Was die Zapfen für eine Bedeutung haben, erfahren wir später; die Scheidewand aber ist bei der jungen Puppe gänzlich verschwunden und lässt keine Bildung der Imago aus sich hervorgehen. Wir haben also hier wahrscheinlich die Spur einer phyletischen Paarigkeit unsrer Scheibe gefunden, wenn nicht den Ueberrest einer paarigen Entwicklungsweise im Embryo. Es spricht für die ursprüngliche Duplicität noch eine andere Eigenthümlichkeit, die sich auch beim Weibchen vorfindet: die Paarigkeit der Stränge, welche an die Scheibe von der Seite herantreten und vielleicht deren Mesenchym liefern. Es ist auffallend, dass sie von seitlichen Tracheen aus einiger Entfernung herzuziehen, während nahe über der Scheibe sich andere derartige Stämme befinden; die Stränge scheinen den Weg zu bezeichnen, den die Theile der Scheibe früher zurücklegen mussten.

Als NUSBAUM (82) seine Untersuchungen über Geschlechtsentwicklung bei Pediculinen veröffentlicht hatte, da wurde längere Zeit allgemein eine solche Paarigkeit der ektodermalen Keime für die Regel gehalten. Dann aber begannen sich mit einem Male Angaben zu häufen, welche diese Meinung bekämpften. HURST (90), WHEELER (93), HEYMONS (95a u. b) haben die Unpaarigkeit unsrer Anlage betont; WHEELER hat sogar die Meinung ausgesprochen, dass NUSBAUM irrthümlicher Weise die mesodermalen Terminalampullen als Ektodermalbildungen angesehen habe. Ich kann nun keinen Grund zu solcher Kritik finden; WHEELER erwähnt ja doch selbst, dass NUSBAUM angiebt, die Ablösung paariger Keime von der Hypodermis und ihre spätere Verschmelzung verfolgt zu haben. Wenn WHEELER dagegen geltend macht, dass dieser Process nicht in larvalen Stadien, wie sie NUSBAUM untersucht hat, sondern in embryonalen vor sich gehe, so folgert er dies wohl aus seinen Befunden bei Orthopteren; solche Vermuthungen scheinen mir aber zum Angriff auf thatsächliche Beobachtungen wenig tauglich. Ich glaube meinerseits, dass in gewissem Sinne die Beobachtungen beider Forscher zutreffen, so zwar, dass die Paarigkeit das phyletisch ältere Stadium darstellt; aus Gründen aber, welche sich unsrer Beurtheilung entziehen, hat sich die ursprüngliche Duplicität in der Ontogenie bald erhalten, bald verwischt. In letzterm Falle können hier und da noch spärliche Spuren auf sie hindeuten. So z. B. bei unserm Thiere und, wie mir scheint, auch im weiblichen Geschlecht von *Vanessa Jo.* JACKSON (90) schildert bei dieser Species die Entstehung des „azygos oviduct" aus dem untern Theil zweier hinter einander liegender „hypodermic vesicles", deren vordere ursprünglich paarig ist; er spricht mehrfach von ihrem paarigen Charakter, ohne indessen seine Meinung zu präcisiren [1]). Wie sich aber auch die Duplicität äussert, jedenfalls ist sie eine Stütze für meine Beurtheilung der fraglichen Verhältnisse in der Insectenclasse.

Ich sagte schon, dass bei der jungen Puppe die Scheidewand in der Medianscheibe nicht mehr vorhanden ist. Fig. 48 zeigt das Vorderende dieser Anlage von einer 15 stündigen Puppe auf dem Querschnitt; man sieht, dass jetzt auch hier, wie zu allen Zeiten weiter hinten, die Scheibe von einem Hohlraum erfüllt ist, in welchen die beiden besprochenen Zapfen von oben hereinragen. Die dorsalen Anfänge ihrer medialen Wände sind etwas weiter gegen einander gerückt, und diese Wände stehen annähernd parallel zu einander. Sie sind dicker geworden, wie überhaupt die dorsale Höhlendecke eine starke Zunahme ihrer Mächtigkeit erfahren hat. Im Uebrigen gleichen die Verhältnisse der medianen wie der Lateralscheiben ganz denen des Weibchens.

Wie dort hebt nun auch der Process an, welcher mit der Ausbildung einer zusammenhängenden Strecke imaginalen Epithels auf der Bauchfläche der hintern Segmentalhälfte sein Ende erreicht. Auch die Grube findet sich jetzt vor, welche den nicht ventral geöffneten Theil der Medianscheibenhöhle nach hinten fortsetzt, alles in der gleichen Weise entstanden und gestaltet, wie ich das oben für das Weibchen geschildert habe; nur die Maasse der Grube und des Höhlenrests sind entsprechend grösser.

---

1) Als die Niederschrift dieser Arbeit eben beendet war, ist im Juliheft der Zeitschr. f. wiss. Zoologie eine Abhandlung von VERSON u. BISSON, betitelt: „Die postembryonale Entwicklung der Ausführgänge und der Nebendrüsen beim weiblichen Geschlechtsapparat von Bombyx mori" erschienen und hat eine Bestätigung und Erweiterung der Angaben JACKSON's gebracht. Nach der Schilderung der Autoren entsteht die Vagina aus dem untern Theil einer Höhle, welche durch die Vereinigung getrennter und weit von einander angelegter Imaginalscheiben gebildet wird. Also hier deutliche Paarigkeit der Anlage, wie bei Orthopteren bestimmt ein unpaarer Keim.

Nun nimmt aber die Entwicklung einen andern Gang als dort. Bei der Puppe von 2 Tagen ist der nicht geöffnete Theil unserer Medianhöhle von den beiden Zapfen fast ausgefüllt; ihre Basis hat sich in die Länge gestreckt, ihr unteres freies Ende (Spitze) ist noch mehr ventralwärts gewachsen. Und jetzt beginnt an ihnen vorn ein Vorgang, der sich sehr langsam nach hinten fortsetzt. Fig. 49 zeigt uns, wie die beiden Zapfenspitzen sich gegen einander krümmen, und eine auf die andere zuwächst; sie treffen sich kurz darauf, und das mediane Blatt einer jeden verschmilzt mit dem medianen, das laterale mit dem lateralen der andern. Gleichzeitig haben sich die Stellen, wo sich die lateralen Blätter in die Höhlenwand umschlagen, einander genähert, und auch hier erfolgt eine Verschmelzung in entsprechender Art. Dadurch umgreift nun, wie man aus Fig. 49 schon entnehmen kann, die Scheibenhöhle (*hm*) eine neugebildete Röhre (*de*) mit doppelter Wand, welche ihren Ursprung aus beiden Blättern des Zapfenpaares genommen hat. Von diesen Blättern geht das äussere an der Röhrenbasis (am Vorderende der Medianscheibe) ringsum in die Wand der Scheibenhöhle über, während das innere an dieser Basis mit blindem Verschluss endet. Wenn später der Verschmelzungsprocess am hintern Theil unsrer Zapfen, welche bei all dem mit ihren freien Enden immer in der Längsrichtung der Scheibe nach hinten fortwachsen, zum Abschluss gekommen ist, biegen die Wände der beiden in einander steckenden Röhren — die beiden Blätter — natürlich an der Spitze in einander um. Zwischen sie aber erstreckt sich nach wie vor von der Basis aus das mesenchymatische Gewebe (*mes* Fig. 49).

Es beginnt nun ein Wachsthum an dem blinden Vorderende der Innenröhre. Hierdurch verlängert sich diese nach vorn, zuerst als solider Zapfen, der sich alsbald von innen (hinten) her aushöhlt; und wenn sie eine gewisse Strecke frei oralwärts vorgewachsen ist, bilden sich vorn an ihr zwei seitliche Ausstülpungen, welche ihren Verlauf direct nach hinten richten: die Anlagen der Prostatadrüsen (Fig. 50 *pr*). Es erfolgt dies vor Ablauf des 3. Tages, also zu der Zeit, wo auch die entsprechenden Rudimente beim Weibchen ihre Entstehung nehmen. Der Blindschlauch aber von der Basis unserer doppelwandigen Röhre aus bis zu den Drüsenanlagen (Fig. 50 *g*) repräsentirt offenbar die noch nicht gesonderten Anlagen des freien Ductusabschnitts und des unpaaren Samengangs; so weit er dagegen die Innenwand der besprochenen Röhre bildet, haben wir in ihm den Ductusabschnitt im Penis zu sehen.

Es ist nun an der Zeit, sich nach den Genitalsträngen umzusehen. Ich will nicht auf frühe Stadien zurückgreifen, denn deren Verhältnisse hat schon WEISMANN (64) geschildert. Am 2. Puppentag aber finden wir ein sehr verändertes Bild. Die beiden Stränge sind jetzt bis zum Ende isolirt; sie setzen sich aus spindelförmigen Zellen mit länglichen Kernen zusammen und sind in ihrem hintern Theil so kernarm und dünn, dass ich die Art und Lage ihrer Endigung inmitten der Fettzellen nicht bestimmt feststellen konnte. Jeden Falls aber befindet sie sich jederseits nahe der Seitenfläche des Abdomens; eine Verbindung mit der ektodermalen Genitalanlage konnte ich nicht finden, so sehr ich darnach suchte.

Später werden die Stränge immer kürzer und verschwinden am Ende des 5. Tages völlig. Jeden Falls entsteht also aus ihnen kein einziger Abschnitt der Ausführwege.

Vielmehr habe ich festgestellt, dass die Entwicklung der paarigen Vasa in wesentlich derselben Weise vor sich geht, wie diejenige der paarigen Oviducte; nur erfolgt ihre Anlage viel später, erst nach dem 3. Tag. Dann sieht man dicht vor der Ansatzstelle der Drüsen das blinde Ende der unpaaren Anlage gegabelt; und jedes der Theilstücke wächst im Laufe des 5. Tages nach vorn und setzt sich am Ende dieses Tages an die hintere Spitze des Hodens an. Bei diesem Vorwärtswachsen ist das entstehende Vas Anfangs gleichmässig dick und besitzt wie der Oviduct am Vorderende nur eine schwache, scharf umgrenzte Anschwellung; einige Stunden später aber ist sein grösster Theil viel dünner geworden, und nur die Wachsthumszone am blinden Ende hat ihren anfänglichen Durchmesser behalten — 80 μ gegen 30 an der Mitte des Ganges. Wenn dieses Ende sich am Hoden befestigt, bricht das Lumen nicht nach dem Hodeninnern durch, sondern bleibt bis zum Ausschlüpfen der Imago von ihm gesondert; dann erst reisst die Wand zwischen beiden ein.

Nach dem geschilderten Thatbestand muss ich demnach bestimmt behaupten, dass auch beim Männchen die gesammten Ausführgänge aus dem ektodermalen Keim hervorgehen. Auch hier habe ich die allmähliche Annäherung der Vasa an die Hoden auf einer Reihe von Präparaten verfolgen können; ein Zweifel scheint mir ausgeschlossen. Ich habe davon keine Abbildungen gegeben, weil einzelne Figuren hier nicht mehr sagen können als das Wort; ein Beweis durch Zeichnungen liesse sich nur durch die Wiedergabe ganzer Schnittserien führen.

Vom Ende des 5. Tages an erfolgen an unsern Gängen nur noch Wachsthumsverschiebungen und Structuränderungen, deren genaue

Schilderung des Interesses entbehrt; alle ihre Theile sind im Entwurf, wenn ich so sagen darf, fertig. Denn schon zu Anfang dieses Tages sind als blasige Erweiterung mitten an der gemeinsamen Anlage des Ductus und unpaaren Samengangs, deren Grenze hierdurch gleichzeitig festgestellt wird, und dorsale Ausstülpung an eben dieser Erweiterung die Anfänge der Samenspritze entstanden. Wie aus ihnen das definitive Gebilde hervorgeht, aus der Erweiterung des Gangs der Spritzenraum, aus der Ausstülpung Stielhöhle und später Stiel, das habe ich zur Genüge schon im anatomischen Theil erörtert und will hier nur auf das dort Gesagte verweisen.

Ich muss jetzt in meiner Schilderung zu jüngern Stadien zurückkehren, um die Entstehungsgeschichte der Genitalhöhle und des Penis beschreiben zu können.

Wir haben gesehen, dass sich bei der männlichen Puppe am Schluss des 1. Tages eine grubenförmige Verlängerung des Scheibenhöhlenrestes nach hinten ausgebildet hat, ähnlich derjenigen des Weibchens. Ihre Seitenränder vereinigen sich aber im männlichen Geschlecht nicht wie bei jenem später, die Grube bleibt vielmehr bis zur Mitte des 4. Tages unverändert, wenn man von ihrem allseitigen Wachsthum absieht. Dann entsteht eine Ringfalte, deren Basis das ganze Abdomen umgreift; sie ist wie beim Weibchen in Höhe der hintern Scheibenöffnung gelegen: aus dem eben Gesagten geht aber hervor, dass sich diese Punkte zur Zeit der Faltenbildung in beiden Geschlechtern nicht mehr entsprechen, sondern der hintere Scheibenhöhlenrand im männlichen viel weiter vorn liegt als im weiblichen. Dem gemäss ist es auch beim Männchen das 5. Segment, welches nun seinen Ursprung genommen hat, nicht aber das 8.

Unsere Falte schiebt sich ringsum gleichmässig über die Abdominalspitze nach hinten; sie ist eigentlich nur oben und an den Seiten Neubildung, unten aber ist sie einfach durch Wachsthum am hintern ventralen Höhlenrand, welcher ja zugleich die Umbiegungsstelle des ventralen Höhlenbodens in die ventrale Hypodermis darstellte (cf. Fig. 59), und seine daraus resultirende Verschiebung dieses Rands nach hinten entstanden. Die beiden Blätter der Falte zeichnen auf dem Querschnitt zwei concentrische Kreise (Fig. 51 *V. s*), aber trotzdem ist ihr Abstand von dem hintern Abdominalabschnitt nicht auf allen Punkten der gleiche. Es hat dies seinen Grund in jenem grubenförmigen Ausschnitt, der, auf der Ventralfläche der Abdominalspitze gelegen (Fig. 52), nun auch — in anderer Art als beim Weibchen — einen ventralen Verschluss gefunden hat und als hintere Fortsetzung der

— 82 —

Scheibenhöhle einen annähernd cylindrischen, hinten offenen Hohlraum darstellt, einen Hohlraum freilich, der an den Seiten in Continuität mit der Spalte zwischen dem 5. und der Anlage der folgenden Segmente steht. In Fig. 52 ist er auf dem Querschnitt abgebildet, ganz nahe hinter dem Vorderende des intersegmentalen (zwischen 5. und folgenden Segmenten) Raums und somit auch der vormaligen Grube. Man sieht nun hier schon die Anschnitte (*z*) des an seiner Spitze noch nicht verwachsenen Zapfenpaars; dasselbe ist also über den frühern Hinterrand des Scheibenhöhlenrestes hinausgewachsen. Dieser selbst (*hm*) ist auf Schnitten aus derselben Serie in den Fig. 53—55 dargestellt; auch er hat bedeutsame Veränderungen erfahren. Er hat sich nämlich auf der Dorsalseite der aus dem Zapfenpaar (*z*) entstandenen Röhre mächtig ausgedehnt, und wir erblicken daher die letztere im ventralen Höhlentheil. Die Figuren zeigen uns, wie ihr äusseres Blatt am vordern Höhlenende in die Höhlenwand umschlägt (Fig. 54), das innere aber, welches die Wand des Ductus ejaculatorius (*de*) bildet, nach vorn weiter zieht (Fig. 55). Aus den Figuren können wir aber weiter entnehmen, dass dorsal vom ersten an den Seitenwänden der Höhle ein zweites Zapfenpaar (*z¹*) entstanden ist, welches frei in den dorsalen Höhlentheil hineinragt, durch eine papillenförmige Wucherung des mesenchymatischen Gewebes ebenso wie früher das erste ausgefüllt.

So liegen die Verhältnisse am Anfang des 5. Tages. Nach Ablauf dieses Tages hat sich die Seiten- und Ventralfläche der Höhle vergrössert, so dass unsere Röhre jetzt auf der Mitte des Höhlenquerschnitts liegt (Fig. 57). Dagegen hat sich die Basis der Zapfen des 2. Paars in dorsoventraler Richtung verschmälert, ihre Spitze aber in derselben Ebene an Breite zugenommen, und dieses ihr Innenende liegt daher jetzt neben der Röhre des Ductus und scheint sie umwachsen zu wollen. Was sonst noch an der Höhle (*hm*) sich verändert hat, werde ich später auseinandersetzen.

In dieser Configuration verharrt die Penisanlage längere Zeit. Erst am 7. Tag fand ich ein neues Stadium, das im Wesentlichen schon den Befund bietet, den ich für die Imago geschildert habe. Das zweite Zapfenpaar ist nicht mehr nachzuweisen. Die Höhlenwand unter dem Ansatz der aus dem ersten Paar entstandenen Röhre hat sich ausgedehnt, die Höhle ist dadurch nach vorn verlängert, und an ihrer Dorsalfläche hängt also jetzt die Röhre — oder doch ein Gebilde, an dessen Entstehung die Röhre einen, zunächst nicht bestimmbaren, Antheil genommen hat. Wir finden nämlich eine häutige Papille mit mehrschichtiger Wand; in der Mitte ihrer Längserstreckung etwa zweigen zwei symmetrische Spangen ab, ebenfalls weichhäutiger Natur: die Anlage der freien Endstücke der Laminae superiores. Der Ductus zieht frei im Innern der Papille bis zur Spitze; hinter der Papillen-basis sitzen zwei Paramerenanlagen, alles etwa in der Anordnung und Gestaltung des imaginalen Apparats. In der spätern Entwicklung ent-stehen noch an der Papille die einzelnen Chitinspangen als Ver-dickungen der Wand: dann ist der Penis fertig.

Dieses Stadium lässt sich nun nicht ohne weiteres auf das vorher-gehende beziehen, aus dem es überaus rasch hervorgehen muss; denn an 7 tägigen Puppen findet man beide vertreten. Ich habe deshalb eine sehr grosse Anzahl von Puppen dieses Alters geschnitten und präparirt, in der Hoffnung, wenigstens einen oder den andern Ueber-gang zu finden. Ein eigenthümliches Missgeschick hat es aber ge-wollt, dass ich wieder und wieder die geschilderten Zustände antraf, nie einen Zwischenzustand. Ich bin daher für jetzt nicht im Stande, diese Lücke auszufüllen, und muss es zukünftigen Untersuchungen über-lassen, hier Sicherheit zu schaffen.

Der Anschein spricht ja sehr dafür, dass das zweite Zapfenpaar das erste umgreift und, mit ihm verschmolzen, den Penis, vielleicht auch die Parameren liefert. Aber es ist andrerseits wohl möglich, dass es sich auf die Bildung der Parameren beschränkt, und dass die äussere Lamelle der Röhre, welche dem ersten Zapfenpaar ihren Ur-sprung verdankt, allein durch starke Verdickung nicht nur die weich-häutige Röhre des Penis, sondern auch die Matrix seiner Chitinstücke aus sich hervorgehen lässt.

Wir wollen also nachsehen, ob die bisherigen Untersuchungen über die Entwicklung des Begattungsglieds bei Insecten vielleicht ein all-gemein gültiges Verhalten festgestellt haben, das sich mit grosser Wahrscheinlichkeit auch bei unserm Thier voraussetzen liesse. Da zeigt es sich indessen, dass zwar viele kurze Angaben über die ersten An-lagen existiren, dass aber die genauern Beobachtungen, welche wir haben, eigentlich nur zwei Gruppen betreffen, die Lepidopteren und Pediculinen. Ihnen ist allerdings die Ausbildung von zwei Zapfen-paaren gemeinsam, deren vorderes zum eigentlichen Penis verwächst. Schon HEROLD (15) beschreibt etwas derartiges; doch ist seine Dar-stellung zu wenig eingehend, als dass ich bei ihr verweilen möchte. Auch SPICHARDT (86) spricht von zwei Einstülpungen mit Höckern darin, aus welchen zusammen der Penis und Ductus hervorgeht; er hat aber keine Abbildungen gegeben, und ich kann seine Ausführungen mit den ungleich gründlichern von VERSON u. BISSON (95, 96) nicht

6*

in Einklang bringen. Nach der Schilderung dieser Autoren aber bildet sich der Penis bei *Bombyx mori* ganz ähnlich, wie ich es gesehen habe, aus der Verwachsung eines Zapfenpaars an der obern Wand der HEROLD'schen Tasche. Ein zweites Paar aber, weiter hinten an der ventralen Taschenwand gelegen, umwächst das erste, verschmilzt ebenfalls an den Rändern, ein Zapfen mit dem andern, und wird theils zur Vorhaut, theils zu einem Integumentabschnitt. Auch NUSBAUM (82) hat für *Lipeurus* zwei Paare von soliden Auswüchsen in der Höhle seines „hintern Keimes" beschrieben; das vordere giebt dem Penis, das hintere dessen „Seitenstücken" den Ursprung.

Es scheint also wirklich in der Insectenclasse eine grosse Uebereinstimmung in den Bildungsprincipien des Begattungsgliedes zu herrschen; aber meine oben ausgesprochene Hoffnung erfüllt sich doch nicht. Es ist für jetzt nicht möglich, die Beobachtungen der Autoren für eine Deutung meines fraglichen Stadiums vom 7. Tag zu verwerthen; wir scheitern wieder an der Unklarheit über die Homologien der Stücke des Penis und seiner Umgebung in den verschiedenen Gruppen. Aber andrerseits kann man um jener Gleichheit der Penisanlagen willen die sichere Erwartung hegen, dass sich die Unklarheit über diese Homologien beseitigen lassen wird: wenn Beobachtungen an *Calliphora* und ebenso an andern Insecten erst ergeben haben, welche Gebilde bei den verschiedenen Gruppen aus dem zweiten Zapfenpaar entstehen, so wird sich die Homologie dieser Stücke unter einander mit grosser Wahrscheinlichkeit behaupten lassen. — Ein jetzt schon sicheres Resultat meiner Untersuchung ist die ursprüngliche Paarigkeit des Begattungsgliedes bei *Calliphora*. Eine solche hat sich auch bei den andern erwähnten Insectengattungen vorgefunden; sie scheint den weiblichen Zeugungsgliedern ebenfalls überall zuzukommen und ist hier viel öfter zum Gegenstand eingehender Studien gemacht worden. Es hat sich weiter gezeigt, dass die paarigen Anlagen immer als Hypodermiswucherungen, bei höhern Insecten in Einstülpungen geborgen, ihren Ursprung nehmen. Weil nun in ähnlicher Weise die Beine angelegt werden, hat man geschlossen, dass die in Rede stehenden Gonapophysen ihnen homolog sein müssten; nur HAASE (90) hat sich dagegen gewandt, neuerdings auch PETTOUREAU (95 a) u. HEYMONS (96), von GANIN (69), OULJANIN (72), KRAEPELIN (73), DEWITZ (75), VERSON u. BISSON (96) finde ich dagegen übereinstimmend die geschilderte Ansicht vertreten. Ich meine nun, dass die angeführte Begründung in keiner Weise für so weitgehende Folgerungen ausreichend erscheint, dass eine Ausbildung an Imaginalscheiben durchaus nicht beweisend für die Extremitätennatur der betreffenden Gebilde ist. Seit es bekannt geworden ist, dass bei Dipteren auch das Integument des Abdomens aus solchen Anlagen hervorgeht, muss man doch wohl allen Imaginalscheiben in erster Linie eine Bedeutung für die Erneuerung des Hautepithels zuschreiben; als Regenerationsherde für dieses sind sie sicher entstanden.

Wenn aber das neu zu bildende Hautstück einen Anhang irgend welcher Art trägt, so wird — die Erfahrung lehrt es — das Material dafür im Voraus beschafft und bildet natürlich eine Verdickung an der Wand der Scheibe. In der That werden auch die Flügel in derselben Weise angelegt; WHEELER (93) hat auf die Bedeutung dieses Umstands für unsere Frage aufmerksam gemacht. PEYTOUREAU (95a) ist denn auch der Meinung, dass jeder Anhang „sous la forme d'un bourgeon" entstände; ich möchte weiter gehen und sagen: mir scheint es in entwicklungsphysiologischem Sinne geradezu nothwendig, dass sich eine Aehnlichkeit an den Anlagen aller Integumentalanhänge bemerklich macht, eine Aehnlichkeit, aus der also unmöglich Schlüsse auf Homologien solcher Organe gezogen werden können, wenn nicht noch andere Kriterien hinzukommen.

Ebenso müssen alle Arten Anhänge bei Insecten ohne eigentliche Metamorphose zunächst als Verdickungen der hier nicht local eingestülpten Hypodermis erscheinen; — ich verstehe daher nicht, aus welchem Grunde DEWITZ (75) seine derartigen Befunde an Orthopteren für eine Homologisirung der Gonapophysen mit Extremitäten in Anspruch nimmt.

Meine Beobachtungen scheinen mir nun noch besonders geeignet, uns von ähnlichen Folgerungen zurückzuhalten. Wir haben gefunden, dass aus einem Paar solcher vermeintlicher Extremitätenanlagen nicht nur Theile des Penis, sondern bestimmt auch der Abschnitt des Ductus ejaculatorius entsteht, welcher, im Penis gelegen, sich in keiner Weise von seinem freien Theil unterscheidet, ihm zudem den Ursprung verleiht. Etwas Aehnliches scheint KRAEPELIN (73) bei der Anlage der Schmier- und Giftdrüse von Apis mellifica gesehen zu haben. Es wird aber Niemand geneigt sein, in der Wand solcher Gänge den ehemaligen Bestandtheil eines Extremitätenpaars zu erblicken, und man wird mir zugeben, dass diese Höcker jedenfalls zu Beinen in keiner genetischen Beziehung stehen können.

Nun hat allerdings WHEELER (93) bei Xiphidium den Uebergang abdominaler Extremitäten in die Gonapophysen beschrieben. Ihm reiht sich CHOLODKOWSKY (89) mit seinem Befund bei Lepidopteren an, deren Gonapophysen im männlichen Geschlecht aus Pedes spurii der

Raupe erwachsen sollen. Indessen ist letztere Angabe nicht auf eingehende Untersuchung begründet; die Beobachtungen WHEELER's aber hat in jüngster Zeit HEYMONS (96) durch Klarlegung der Verhältnisse bei einer verwandten Form sehr in Frage gestellt. Und weiterbin ist es diesem Autor durch Erforschung des Entwicklungsmodus der Gonapophysen von *Gryllus* und einigen Hemipteren gelungen, der Ansicht, welche die phyletische Unabhängigkeit dieser Gebilde von abdominalen Extremitäten ausspricht, noch grössere Sicherheit zu verleihen.

Ich kehre zur Beschreibung meiner Befunde zurück, um noch die Entwicklung der Genitalhöhle und der Genitalsegmente zu besprechen. Wir haben die Bildung des 5. Segments verfolgt. Fig. 51, ein Schnitt aus der Serie von einer 4 tägigen Puppe, zeigt uns, dass es die Abdominalspitze bis zum Ende umgiebt. An diesem sehen wir die zwei Paar Valvulae schon vorhanden; zwischen und unter den mittleren (*vm*) ist der After (*a*) gelegen. Es bestätigt sich also meine Vermuthung, dass seine Anbringung bei der Imago secundär erworben sei. Am Ende des 5. Tages (Fig. 56) bemerken wir denn auch, dass er weiter nach oben geschoben wird (*a*); im folgenden Stadium, welches ich besitze, (vom 7. Tag) hat er seine definitive Lage erreicht.

Aus Fig. 56 können wir ferner ersehen, dass die Abdominalspitze aus dem Hinterrand des 5. Segments hervorgewachsen ist. Zwischen beiden aber haben sich dorsal zwei weitere Falten gebildet, die nur bis zur Seite, nicht aber ventral herumgreifen; sie stellen die Anlagen des 6. und 7. Tergits (cf. Fig. 59 *VI* u. *VII t*) sammt ihren Intersegmentalhäuten dar.

Am Vorderende der Medianscheibenhöhle (*hm*) hat die Wand unter dem Ansatz der Penisanlage eine Flächenvergrösserung erfahren und dabei zwei Ausstülpungen nach vorn gebildet, wie sie in Fig. 58 (*gpe* u. *tpe*) auf dem Querschnitt, in Fig. 59 längs geschnitten abgebildet sind.

Im Stadium vom 7. Tage ist dies alles unverändert, nur schiebt sich der ganze Bezirk der Genitalsegmente zwischen den Wänden der Postsegmentalhaut des 5. immer weiter nach hinten, wobei aber 6. und 7. Tergit über einander liegen bleiben, wie in Fig. 59. Im Wesentlichen findet man denselben Zustand noch kurz vor dem Ausschlüpfen. Dann erst beginnt eine starke Chitinabscheidung an den dorsalen Wänden der beiden vordern Ausstülpungen (Fig. 59 *tp* u. *gp*). Etwas später sind diese Wände mit den ventralen verklebt, und gleichzeitig hat sich der hinterste Abdominalabschnitt bauchwärts gekrümmt, indem die Tergite des 5.—8. Segments sich unter einander hervorschoben (cf. Fig. 60). Die Basis des Penis hat sich dabei im Halbkreis nach hinten bewegt, die Haut, welche das Vorderende der ehemaligen Scheibenhöhle mit dem Hinterrand des 5. Sternits (*Vst*) verband, hat sich aufgerichtet und die Scheibenhöhle dadurch eine mächtige Vergrösserung erlitten. Fig. 60 zeigt uns, dass damit die Verhältnisse der Imago hergestellt sind: aus der Scheibenhöhle wurde die Genitalhöhle (*gh*), aus der hintern, grubenförmigen Fortsetzung deren hinterer Theil zwischen den Seitenstücken der Tergite, aus den Wänden der vordern Ausstülpungen aber die Tragplatte (*tp*) und Gabelplatte (*gp*).

Wir sehen also, dass diese beiden Platten auf in den Bereich der Medianscheiben fallenden Bezirken der Hypodermisschicht, welche Median- und Lateralscheiben gemeinsam für die Genitalsegmente geliefert haben, als unpaare Chitinfelder in der ventralen Mittellinie ihren Ursprung nehmen, nicht anders als alle abdominalen Sternite bei unserm Thier. Wir haben deshalb die Berechtigung, sie für solche Ventralplatten zu halten. Ueber ihre Segmentzugehörigkeit aber giebt die Entwicklungsgeschichte keinen Aufschluss: unsere Gebilde entstehen ausser Zusammenhang mit den Tergiten ungefähr in den Lagebeziehungen zu ihnen, welche wir auch im imaginalen Zustand angetroffen haben.

4. Theoretisches.

Zu den allgemeinen Betrachtungen über meine Untersuchungsergebnisse, für die ich im Lauf meiner bisherigen Darstellung Gelegenheit fand, möchte ich hier noch zwei hinzufügen, deren eine sich auf die Deutung von Theilen des Muscidenabdomens beschränkt, die andere aber die herrschenden Anschauungen über den morphologischen Werth der Geschlechtsgänge aller Insecten in ihren Kreis ziehen muss.

Die erste will ich an eine These von WEISMANN (64) anknüpfen, laut deren er die Segmentnatur der Legeröhrenabschnitte bestreitet. Er hat gefunden, dass Penis wie Legeröhre als Wucherungen der Hypodermis im letzten Segment der Larve selbständig angelegt würden, um dieselbe Zeit, in der sich das Abdomen aus den 8 Larvensegmenten bildet. Meine Beobachtungen bestätigen diese Angaben aber nur theilweise; es war ohne Schnittmethode allerdings kaum möglich, die Details der Bildungsverhältnisse zu ergründen. Wir wissen nun aber, dass die Genitalsegmente zwar als selbständige Wucherungen entstehen, indessen aus Hypodermispartien, welche von drei, vielleicht ursprünglich vier Imaginalscheiben eigens dafür geliefert werden. Aus Imaginalscheiben bildet sich nun auch die Hypodermis

der übrigen Segmente und zwar unabhängig von der Larvengliederung;
einen einschneidenden Unterschied sehe ich nicht.

Es ist uns weiter seit dem Erscheinen von WEISMANN's Arbeit
von verschiedenen Seiten die Umbildung eines Larvensegments in
mehrere imaginale berichtet worden: ich erwähne DEWITZ (75), nach
dessen Angabe das 10. Larvensegment von *Locusta* zweien imaginalen
den Ursprung giebt; GANIN (69), dem zu Folge das ganze Abdomen
von *Polynema natans* aus dem letzten Larvensegment hervorgeht;
BRAUER (ich citire nach KOLBE, 92), welcher bei Blepharoceriden-
larven das 8. (letzte) Abdominalsegment sich in zwei imaginale Leibes-
ringe umbilden sah.

Nehme ich dazu die typische Ausbildung des 6.—8. Ringes in
beiden Geschlechtern von *Calliphora*, vergegenwärtige ich mir, dass
sie Tergite und Sternite, Segmentalmusculatur und sogar Stigmen besitzen — so gelange ich doch zu der Ueberzeugung, dass wir es in ihnen
mit wirklichen Segmenten zu thun haben, die entsprechend
der allseitigen weitgehenden Vereinfachung der Entwicklungsprocesse
bei Musciden — ich erinnere nur an den Mangel der Somite — erst
dann ihre Ausbildung erfahren, wenn sie in Function treten sollen;
das Material, aus welchem sie aufgebaut werden, ist
aber gerade wie für alle andern Segmente schon in der
Larve gesondert.

Meine zweite Betrachtung betrifft die Abgrenzung von ektodermalen und mesodermalen Bestandtheilen der Geschlechtsausführgänge.
Da geht nun aus meinen Untersuchungen hervor, dass das Mesoderm
an dem Aufbau dieser Gänge keinen Antheil hat, vielmehr auf die
Ausbildung der Keimdrüsenhüllen beschränkt ist. Während also die
primären mesodermalen Anlagen der Gänge, die Genitalstränge, rudi-
mentirt werden, bilden sich hier diese Gänge und ihre Anhangsorgane
aus ektodermalen Keimen.

Und zwar entstehen sie beim männlichen Geschlecht sicher an
dem Vorderende einer unpaaren, ursprünglich aber wahrscheinlich
paarigen Imaginalscheibe als unpaare Ausstülpung, welche nach den
ersten Puppentagen weiter vorn die paarigen Vasa und Nebendrüsen
aus sich hervorgehen lässt.

Im weiblichen Geschlecht aber wachsen aus dem Vorderende einer
ähnlichen Imaginalscheibe schon in späten Larvenstadien die paarigen
Oviducte hervor, während die Scheibenhöhle selbst dem unpaaren Eiergang seinen Ursprung giebt; Uterus und Vagina bilden sich durch
Verwachsung zweier Längsfalten, der seitlichen Begrenzungen einer

Grube, deren Wände aus dem hintern Theil der mittlern Imaginalscheibe, vielleicht aber unter Betheiligung zweier seitlicher Scheiben
hervorgegangen sind. Die Anhänge entstehen am Boden dieser Grube.
Eine Homologie in den Geschlechtern besteht also wahrscheinlich
zwischen paarigen und unpaarem Oviduct einerseits und paarigen wie
unpaarem Samengang plus freiem Ductusabschnitt andrerseits, welche
Theile aus vordern Ausstülpungen einer Medianscheibe hervorgehen;
man muss dabei im weiblichen Geschlecht den vordern Theil der Scheibe
selbst als schon früher angelegte Ausstülpung betrachten: ich glaube,
dass dem keine grundsätzlichen Bedenken entgegenstehen. U t e r u s
u n d   V a g i n a   d e s   w e i b l i c h e n   T h i e r s   a b e r   s c h e i n e n   e i n e
n e u   h i n z u g e k o m m e n e   B i l d u n g   d a r z u s t e l l e n ,   w e l c h e
k e i n H o m o l o g o n b e i m M ä n n c h e n f i n d e t.

Wenn wir nun nachsehen wollen, welchen Antheil nach den vorhandenen Bearbeitungen ektodermale und mesodermale Keime bei andern
Insecten an der Bildung der Geschlechtsgänge nehmen, so finden wir
nur für wenige Gruppen genau begründete Darstellungen, dieselben,
welche ich schon im vorhergehenden Abschnitt erwähnt habe. Von
einer ausführlichen Schilderung des Inhalts dieser Arbeiten sehe ich
ab, schon weil in neuester Zeit VERSON u. BISSON (96) eine solche
gegeben haben. Nur in kurzen Stichworten will ich nochmals das
Wesentlichste andeuten.

Nach NUSBAUM (82) gehen bei den Pediculinen nur die paarigen
Vasa deferentia und Oviducte aus den mesodermalen Strängen hervor,
alle andern Organe aus ektodermalen Keimen; er verallgemeinert
diesen Befund für alle Insecten. Von *Blatta* hat er nur das „Haupt-
sächlichste" studirt, die Entwicklung aber nicht genau verfolgt; ich
übergebe daher diesen Theil seiner Resultate.

JACKSON (90) ist bei dem Weibchen von *Vanessa io* zu Ergebnissen gelangt, die in Ansehung der uns beschäftigenden Frage denen
NUSBAUM's völlig gleichen.

WHEELER (93) macht für *Xiphidium* die Angabe, dass alle Theile
aus den Genitalsträngen resp. deren Terminalampullen, also meso-
dermal entständen; nur Vagina und Ductus ejaculatorius stammten
vom Ektoderm. Auch er erhebt diese Verhältnisse zur Norm für alle
Insecten.

Nach VERSON u. BISSON (95, 96) aber geben beim Männchen von
Bombyx mori die Terminalampullen auch dem Ductus ejaculatorius
den Ursprung; es geht also kein Abschnitt des eigentlichen Ausführ-
gangs aus der ektodermalen Anlage hervor. Sie sind der Meinung,

ihre Darstellung „dürfte geeignet sein, die so widersprechenden Ansichten der Autoren zu klären und jeden Zweifel in der Beurtheilung der genetischen Beziehungen zwischen den einzelnen Anhangsorganen des Sexualapparats zu beseitigen"; natürlich kann es sich nur um Ansichten, welche die Autoren bei andern Gruppen gewonnen haben, handeln, denn für männliche Lepidopteren giebt es noch keine Untersuchungen, in welchen solche auf die Keimblättertheorie basirte Fragen aufgeworfen wären.

Wir sehen also, dass sachlich keine Uebereinstimmung zwischen den Bearbeitern dieser Materie herrscht; nur in Einem sind sie einig, dass die Grenze zwischen ektodermalen und mesodermalen Bestandtheilen bei allen Insecten, vielleicht mit Ausnahme der Ephemeriden, die gleiche sei, und deshalb die Resultate der Beobachtungen an einer Gruppe Anspruch hätten, für alle zu gelten.

Es liegt mir nun fern, ein Gleiches für meine Untersuchungen zu fordern und sie etwa in Gegensatz zu den schon vorhandenen Beobachtungen zu bringen. Vielmehr glaube ich, dass die Ansichten von JACKSON und WHEELER, um zwei der Arbeiten herauszugreifen, so gut fundirt sind, dass sie wohl vorläufig neben einander gelten müssen. Ich meine daher, dass wir gezwungen sind, eine Verschiedenartigkeit dieser Entwicklungsverhältnisse in der Insectenclasse anzunehmen, und zwar scheint es mir, dass bei höhern Insecten im Allgemeinen ein Ueberwiegen des ektodermalen Antheils statthabe.

Die Wahrscheinlichkeit einer solchen Ansicht lässt sich nun, meiner Meinung nach, schon aus der bekannten Theorie PALMÉN's (83, 84) ableiten, welche ja, soweit ich sehe, keinem Widerspruch begegnet ist.

Danach entstammten bei den ursprünglichen Insecten die ganzen Geschlechtsausführwege dem Mesoderm; bei Ephemeriden hat sich dieser Zustand erhalten. Dann aber wurde die Mündung durch Faltenbildung des Integuments ins Innere des Abdomens verlegt, wie die Perliden es uns vor Augen führen, und so nach und nach, während sich die mesodermalen Gänge in demselben Maasse verkürzten, ein ektodermaler Abschnitt dem Apparate hinzugefügt. Er übernahm die Rolle der Vagina (resp. des Ductus) und entsprach damit physiologisch dem Endabschnitt der Gänge bei Ephemeriden — morphologisch aber hatte er einen andern Werth, und dies musste sich in der Entwicklungsgeschichte zeigen. Bei Orthopteren, speciell Xiphidium, ist offenbar dieses Stadium erreicht.

Es ist nun gar kein Grund vorhanden, aus welchem der Process hier stehen bleiben sollte. Der Zweck seines Fortschreitens entzieht sich ja allerdings unsrer Beurtheilung; aber es ist nicht anders mit dem bisherigen Verlauf. Denn ein Grund für seinen Beginn mag zwar in dem Schutzbedürfniss der Orificien vielleicht gegeben sein, aber dem wird ja mit dem Ausbildungsgrad, wie ihn *Nemura* (Perlide) zeigt, genügt. Dass aber eine weitergehende Eingliederung der ektodermalen Tasche stattgefunden hat, zeigt m. E. das Vorhandensein der wenig durchsichtigen Erscheinung, die man wohl als eine Fixirung der Entwicklungsrichtung bezeichnet hat.

Solche gerichtete Entwicklungen pflegen nun weiter zu gehen, wenn sie sich nicht schädlich erweisen und die Züchtung sich gegen sie wendet; es liessen sich dafür, und gerade für ein Ueberwuchern des Ektoderms im Laufe der Phylogenie, manche Beispiele anführen. Wie dem auch sei, jedenfalls sehen wir, dass in unserm Fall der Process fortgeschritten ist: die Untersuchungen JACKSON's lassen keinen Zweifel darüber, dass bei weiblichen Lepidopteren auch der Uterus sammt Anhangsdrüsen ektodermal angelegt wird [1]. Auf diesem Stadium scheinen auch die Pediculinen und wahrscheinlich viele andere Gruppen zu beharren. Ihr Uterus ist demjenigen von *Xiphidium* wohl physiologisch gleichwerthig, nicht aber morphologisch — er ist demselben analog, nicht homolog.

Bei höhern Insecten wird der Process seinen Fortgang gewonnen haben, bis er an der Keimdrüse Halt machen musste; in der Entwicklungsgeschichte dieser Insecten werden wir seine Spuren verfolgen können: sie muss es zum Ausdruck bringen, dass die Oviducte dieser Thiere morphologisch nicht denen der Lepidopteren entsprechen, obgleich sie bei der Imago gemäss der gleichen Verrichtung gleiche Ausbildung erfahren haben.

Diesen Zustand konnte ich bei *Calliphora* schildern; hier aber scheint damit der Process noch gar nicht sein Ende erreicht zu haben: wir sahen, dass sich bei der Imago schon die Einbeziehung eines neuen integumentalen Abschnitts, der Vulva, in den Bereich der Geschlechtsausführgänge anbahnt, wie ich das im anatomischen Theil besprochen habe.

Im Wesentlichen gleiche Ausführungen über die Verschiebungen

1) Die jüngste Arbeit von VERSON u. BISSON über das Weibchen von *Bombyx mori* hat die Resultate JACKSON's in dieser Beziehung vollauf bestätigt.

der Grenze zwischen mittlerm und äusserm Keimblatt liessen sich für das männliche Geschlecht machen, wo eine ähnliche, aber zu der weiblichen nicht durchweg parallele Entwicklung stattgefunden hat.

Es wäre nun in der That äusserst auffallend, wenn die Musciden allein bis zu dem geschilderten phyletischen Stadium vorgedrungen wären; aber ich glaube auch nicht, dass dies der Fall ist, und will zu zeigen versuchen, dass sich für diese meine Meinung Anhaltspunkte in der Literatur vorfinden.

In Frage kommen Dipteren, Hemipteren und Hymenopteren, für welche zwar keine genauen Darstellungen der Geschlechtsentwicklung vorhanden sind — ich erwähnte es schon — aber doch eine Anzahl zerstreuter Mittheilungen von Forschern, deren Hauptinteresse in den angezogenen Arbeiten meist andern Gegenständen zugewandt war. Für die übrigen Ordnungen, namentlich die Coleopteren, mangelt es auch an solchen Beobachtungen.

Ueber die betreffenden Verhältnisse bei Dipteren existiren einige Bemerkungen von HURST (90), denen zu Folge die hintern Theile der Vasa deferentia von *Culex* als vordere Ausstülpungen einer „common pouch (Ductus ejaculatorius)" entstehen, die Prostatadrüsen als „lateral outgrowths of the same"; der „median oviduct" wird nach diesem Autor ebenfalls als Einstülpung der Hypodermis gebildet, aus welcher später auch die drei Receptacula und die Bursa copulatrix ihren Ursprung nehmen.

Von allen Hemipteren kann ich nur für Aphiden Angaben finden, bei BALBIANI (72) und WITLACZIL (84). Ersterer hat nun zwar Oviducte und Samengänge wie auch die accessorischen Drüsen von den Genitalsträngen abgeleitet; aber WITLACZIL hat schon mit Recht darauf aufmerksam gemacht, dass BALBIANI's eigene Abbildungen dem widersprechen und mindestens für die Drüsen auf einen andern Ursprung hinweisen. Für sie hat WITLACZIL denn auch ektodermale Entstehung gefunden, nimmt aber ebenfalls bei *Callipterus* und *Aphis* eine Entstehung der Oviducte und Vasa aus den Strängen an den Geschlechtsdrüsen an. Er hat indessen den Process ihrer Verbindung mit der „accessorischen" Anlage nicht beobachtet, sondern sagt nur, sie schienen daran anzusetzen, schon im Embryo; nachembryonal aber überwüchse von hinten das Mesoderm der accessorischen Anlage die Ei- und Samenleiter. Ich meine, dieser Umstand deute doch sehr auf eine Abstammung der letztern Gebilde selbst vom accessorischen, ektodermalen Keim hin. Und bei *Pemphigus spirothecae* hat WITLACZIL eine solche ektodermale Entstehungsweise in der

That gesehen. Für das männliche Geschlecht beschreibt er die Hodenanlagen und den accessorischen Keim genau; von primären Ausführgängen ist nichts vorhanden. Dann aber wachsen vom vordern Abschnitt des accessorischen Keims zwei am blinden Ende aufgetriebene Schläuche nach vorn und setzen an der unpaaren Hodenanlage an; ihr Mesoderm lässt Ringmuskeln entstehen, und die Samenleiter sind fertig. Diesen Vorgang hat Witlaczil verfolgt; und es ist wohl zweifellos, dass deshalb auf diese eine Beobachtung mehr Gewicht zu legen ist als auf die Combinationen aus einzelnen Stadien bei einer ganzen Reihe von Arten.

Bei Hymenopteren sind die entsprechenden Verhältnisse für *Platygaster* und *Apis* mehr oder minder genau bekannt geworden. Für erstern durch Ganin (69). Nach seiner Schilderung entstehen am hintern Ende des Keimstreifs zwei paarige Anlagen und dazwischen eine unpaare, der Genitalhügel. Aus den erstern sollen in Folge der Verlängerung und „allmählichen Abschnürung am untern, dem Genitalhügel verbundenen Ende" die Ausführgänge sammt Keimdrüsen hervorgehen. Ich stimme völlig Witlaczil (84) und Heymons (91) darin bei, dass Ganin offenbar die wahren Keimdrüsenanlagen in den frühen Stadien übersehen hat. Aber er hat das Vorwärtswachsen der paarigen ektodermalen Gänge bis in die Gegend verfolgt, wo sie später mit den Keimdrüsen in Verbindung stehen. Es ist also beinahe sicher, dass sie direct an diese ansetzen und hier ein Befund vorliegt wie bei *Calliphora*.

Und ebenso steht es mit *Apis*. Bütschli (71) hat an den Keimdrüsenanlagen keine Genitalstränge finden können. Nach Kraepelin (73) bilden sich Giftdrüse, Schmierdrüse und Ausführgang der Geschlechtsorgane „als Zellwucherungen der Segmente nach innen, letzterer aus eignen Imaginalscheiben". Und zwar haben wir es in diesen beiden Scheiben (im 11. Segment) „mit der primitiven Anlage der Tuben und der Vagina zu thun". Ouljanin (russische Arbeit; ich citire nach Witlaczil, 84) hat am vorletzten Larvenring eine unpaare Einstülpung beobachtet, „welche sich an der Spitze theilt und mit einem kurzen Ausführgang in Verbindung tritt, im untern Theil aber den accessorischen Genitalorganen den Ursprung giebt". Sie repräsentirt die Anlage der Ausführgänge.

Ich schliesse damit diese Betrachtung ab. Wir haben uns, denke ich, überzeugt, dass sich die ektodermale Entstehung der gesammten Geschlechtsausführgänge, wie ich sie für *Calliphora* feststellen konnte, nach den vorhandenen Beschreibungen jetzt schon für einige Dipteren, Hemipteren und Hymenopteren als mindestens wahrscheinlich, für alle aber als noch möglich erweist. Spätere Untersuchungen werden es lehren, in welchem Umfang dieser Bildungsmodus innerhalb der in Rede stehenden Ordnungen wirklich in Erscheinung getreten ist.

Nachschrift.

Als der anatomische Theil dieser Arbeit schon völlig druckfertig vorlag, der entwicklungsgeschichtliche im Entwurf feststand, wurde mir ein in Deutschland wenig bekanntes Buch von B. THOMPSON LOWNE, „Anatomy, physiology, morphology and development of the Blow-fly (Calliphora erythrocephala)" zugänglich. Ich wusste aus Referaten, dass von 1890—93 von diesem Werk 4 Theile erschienen seien, deren Inhalt, nach den Uebersichten des Referenten zu schliessen, die von mir untersuchten Organe nicht oder doch äusserst wenig berührte. Ich war daher sehr erstaunt, noch zwei weitere, einen 5. und 6. Theil vorzufinden und in letzterm, der 1895 veröffentlicht wurde, ein Capitel „The generative organs", — das also alles das versprach, was auch meine Arbeit zu geben versucht hatte.

Ich will aber hier gleich erwähnen, dass die Mittheilungen, welche der Autor über die Entwicklungsgeschichte der Ausführgänge zu machen hat, nicht weit über das hinausreichen, was die WEISMANNsche Arbeit uns gelehrt hat. Und wo er weiter geht, kann ich ihm fast nirgends folgen.

Er findet nämlich die weiblichen wie männlichen Genitalstränge am ersten Puppentag, erstere gesondert, letztere nach ihrer Vereinigung, an Hypodermiseinstülpungen vor dem After befestigt. Sein folgendes männliches Stadium stammt aus der Zeit nach dem 3. Tag! Die Stränge sind jetzt dicker und bekommen Höhlungen; an dem Zusammenfluss der paarigen Vasa sind die Prostatadrüsen — Paragonia nennt er sie — als Divertikel angelegt. Dies ist alles Wesentliche an seiner Beschreibung; wie man sieht, entsprechen meine Befunde ihr in keiner Beziehung.

Beim Weibchen schildert er ein Präparat, in welchem die Parovaria — meine Kittdrüsen — an der convexen Fläche des Ovariums befestigt sind und von den Genitalsträngen nichts mehr zu sehen ist: er glaubt daher, dass die Parovarien diesen ihre Entstehung verdanken, und stellt die These auf, dass sie den Vasa deferentia morphologisch entsprächen. Ein Stadium aber, wie dasjenige, aus welchem er seine

Ansicht gewonnen, existirt nach meiner Erfahrung nicht; die Oviducte
erreichen die Eierstöcke früher als die Kittdrüsen.

Dagegen hat er richtig erkannt, dass die Eiergänge aus einer von
der Hypodermis stammenden Tasche hervorsprossen als „two blind
tubae, which are connected with the ovary by delicate bands of
peritoneal tissue". Kurz vor dem Ausschlüpfen sind sie dann nach
seiner Darstellung durch breite ligamentöse Bänder mit dem Eierstock verbunden. Nur der Angabe über ektodermalen Ursprung der
Oviducte stimme ich zu.

Von den ektodermalen Keimen führt er nur an, was KÜNCKEL
D'HERCULAIS darüber gesagt hat.

Die übrigen Theile des weiblichen und männlichen Apparats sind
in LOWNE's entwicklungsgeschichtlichen Abschnitten nicht berücksichtigt.

Ungleich vollständiger ist die Behandlung der anatomischen
Thatsachen. Und namentlich enthält dieser Theil eine grosse Anzahl von Resultaten eigner Untersuchung. Wenn trotzdem auch er
meiner Veröffentlichung die Berechtigung nicht raubt, so liegt es daran,
dass es nur wenige Punkte sind, in denen ich mich in Uebereinstimmung mit LOWNE befinde. Und andrerseits sind die meisten Theile
seiner Darstellung, dem Plan seines Werkes entsprechend, so knapp
und wenig detaillirt gehalten, dass es nicht schwer fallen kann, alle
wesentlichen Uebereinstimmungen und Abweichungen hier nachträglich
zu berühren. Eingehend sind nur einige Organe des Weibchens und
die Copulationswerkzeuge des Männchens geschildert. Indessen hatte
ich schon Gelegenheit, die Ansichten LOWNE's über erstere nach einer
frühern Arbeit zu besprechen; und den Aufbau der männlichen
Genitalsegmente, wie ihn LOWNE gesehen hat, konnte ich, auch wenn
mir seine Arbeit früher zur Hand gewesen wäre, erst nach und im
Vergleich mit meiner Schilderung zur Darstellung bringen, weil die
Complicirtheit des Apparats eine nur andeutende und doch verständ-
liche Beschreibung der fremden Befunde vor den meinigen unmöglich
macht.

So mag also hier die geeignete Stelle sein, LOWNE's Resultate
kurz zu besprechen.

Ich will mit den innern Organen des Weibchens beginnen, weil
ich hier früher Erwähntem nur Weniges hinzufügen muss. Denn in
den meisten Punkten ist LOWNE seinen ältern Anschauungen getreu
geblieben; ich führe nur an, dass er jetzt die Dreizahl der Mündungen
im Uterus hinter dem Oviduct bestimmt auf die drei Samencanälchen

bezieht und dadurch offenbar veranlasst worden ist, die Drüsenorificien an anderer Stelle zu suchen.

Zu neuer — und in gewissem Maasse richtigerer — Einsicht ist er nur betreffs der Function unsrer Begattungshöhlen gelangt. Er hat ihren Namen in genital fossae (statt sacculus) geändert; ihre Aufgabe sei es, bei der Copulation die curved spines des Penis zu beherbergen, die ich als Spangen der Laminae superiores bezeichnet habe. Beide fossae sollen durch eine well-marked ridge getrennt sein, die genital spine: sie wird in die ventrale Höhle des Hypophallus, meiner Laminae laterales, versenkt.

Ich muss indessen auch diese neuen Angaben über die Ausbildung des Begattungshügels bestreiten, und ebenso die Existenz einer ventralen Höhle am Penis. Und ganz unverständlich bleibt es mir, was die Einführung der Laminae superiores allein in die relativ weiten Höhlen für eine Bedeutung haben sollte. Lowne sah sich wohl zu dieser Annahme gezwungen, weil seiner Meinung nach diese Stücke in beträchtlicher Entfernung seitlich von den Spitzen der Laminae laterales liegen; wenigstens zeigt es so seine Abbildung von der Ventralfläche des Penis, während er allerdings im Text, an anderer Stelle, von einer jederseitigen Articulation der in Rede stehenden Spitzen spricht.

Das Integument der Legeröhre schildert Lowne ziemlich genau. Ueber die Theile und Structuren aber, die ich zum Gegenstand meiner bezüglichen Darstellung gemacht habe, finde ich nichts bei ihm. Die Ausbildung einer Vulva hat er nicht erkannt, wenngleich er die Spangen am Vorderrand des 9. Sternits beschreibt; auf seiner Zeichnung sind übrigens ihre Enden nach aussen gebogen, was sicher nicht der Fall ist, auch wenig zweckentsprechend wäre. Die zwei „cornua, which form the ventral edge of the sexual opening" hat er auch gefunden; die Mündung dahinter aber ist ihm ein vaginal orifice!

Ich gelange zum männlichen Geschlechtsapparat.

Den Hoden weist Lowne eine Lage im Dorsaltheil des 4. Segments an, während ich sie im Seitentheil des 5. nahe über dem Sternit gefunden habe. Ihre Hülle besteht nach ihm aus einer Epithelschicht, die theilweise pigmentirt ist, und einer Fettzellenschicht. Ich habe mich von der Existenz einer dünnen Haut zwischen Epithel und Pigment überzeugt. Darin aber stimme ich ihm zu, dass das Hodeninnere durch Septa vom Epithel aus getheilt wird.

Die Gänge beschreibt Lowne nur sehr flüchtig: das Vas deferens soll dieselbe Structur wie die Paragonia und Vasa efferentia haben — so nennt er die Prostatadrüsen und paarigen Samengänge. Von der asymmetrischen Anordnung fast aller dieser Gebilde erzählt er uns nichts.

Die Samenspritze finde ich in seiner Darstellung als ejaculatory sac wieder; er schildert im Allgemeinen zutreffend, wenn auch nicht erschöpfend, was man am Totalpräparat sehen kann. Geschnitten hat er sie wohl nicht und scheint deshalb auch ihre Wirkungsweise nicht enträthselt zu haben. Interessant war es mir zu erfahren, dass bei *Tipula* ein ähnliches Organ mit einem langen in die Leibeshöhle ragenden Fortsatz des Sklerits vorhanden ist. Nach Lowne's Angabe wird es durch Muskeln wie eine Pumpe in Action gesetzt.

Den relativ grössten Raum widmet Lowne dem Copulations-apparat, und ich will darauf etwas genauer eingehen. Die vordere Genitalhöhle, den Ring um ihre Mündung, ihre Beziehungen zu den drei gut ausgebildeten Genitaltergiten und ihren Anhängen, das alles ist, wenn ich von der Lage des Penis in der Höhle absehe, im Wesent-lichsten so beschrieben, wie ich es auch beobachtet habe. In der Dar-stellung des Copulationsmechanismus und seiner Theile aber weiche ich sehr weit von ihm ab.

Schon die Abbildung der Tergite ist sicher nicht richtig. Das 6. ist viel zu gross gezeichnet; es soll mit dem 7. — Lowne zählt, wie ich anmerken will, ebenfalls 5 Abdominalsegmente vor den geni-talen — auf der linken Seite verschmolzen sein und den Ring tragen, welcher die ventrale Oeffnung der Genitalhöhle umfasst. In Wahrheit aber reicht das Tergit nicht bis zu der Stelle hinab, wo diese Ein-lenkung des Ringes stattfindet. — Auf der rechten Seite sind dagegen alle drei Tergite viel zu kurz gezeichnet. Ich kann mir überhaupt Lowne's tab. 50 mit der Seitenansicht der fraglichen Gebilde nur so erklären, dass sie nach einem durch Deckglasdruck verschobenen Präparat gezeichnet ist — wahrscheinlich nach flüchtiger Betrachtung: denn alle die Einrichtungen zur Befestigung und Bewegung der Halte-zange sind ihm entgangen.

Deren äussere Fläche geht auf seiner Abbildung und auch nach der Beschreibung continuirlich in diejenige des 8. Tergits über; die Valvulae internae (meine mediales) sind zwischen den beiderseitigen dorsalen Anfängen der Zangenschenkel eingelenkt, darunter scheint seiner Abbildung zu Folge der Anus zu liegen! Die Ventralränder der Valvulae internae sind durch ein kleines Sklerit verbunden; jede Klappe wird durch eine Sehne bewegt. Das Sklerit hält er für ein Sternum, die Valvulae internae für Anhänge des Analsegments, die externae (laterales) für Fortsätze des 8. Tergits.

Ich kann hier nur sagen, dass ich dem allem widersprechen muss, indem ich auf meine Darstellung verweise. Und was er insbesondere für die bewegende Sehne gehalten, vermag ich mir nicht einmal zu erklären; er müsste denn die hintere Randleiste am 8. Tergit, von der er, wie überhaupt von den mechanisch wichtigen Faltensystemen an dieser Stelle, nichts erwähnt, so beurtheilt haben.

So wenig wie den Processus brevis an und für sich hat er die Bedeutung des Processus longus erkannt; er lässt ihn vom Rand des 8. Tergits ausgehen und zwar von der Vorderecke des Ausschnitts, welcher auf seiner Zeichnung die Grenze gegen die Valvulae laterales bildet. Vorn verbindet sich der Processus longus — sein epipleural ridge — fest, nicht gelenkig mit den Hinterecken einer Platte, des progenital sternum, die meiner Gabelplatte entspricht; seine Verrichtung kann so nur die sein, den Weg zu documentiren, welchen die Platte im Laufe der phylogenetischen Entwicklung genommen hat. Den zusammengesetzten Hebel, die Einlenkung auf den vordern Fortsätzen des 8. Tergits, die knieförmig gebogenen Hebelfortsätze, das alles hat Lowne gänzlich übersehen. Vielleicht hat er nur an Präparaten vom jungen Thier, die in Canadabalsam gebettet waren, gearbeitet; die noch hellen Hebelfortsätze verschwinden darin fast völlig über den schwarzen Theilen des Penis.

Lowne hat offenbar auch nie den Versuch gemacht, die Function der Theile zu ergründen; er hätte sonst wohl die Musculatur studirt, statt sie gänzlich zu ignoriren: von einer Ausnahme spreche ich nachher.

Am Penis vermisse ich eine Schilderung des Gelenks mit der Tragplatte. Die Articulation der Laminae laterales und inferior auf den Höckern der superiores scheint er nicht als eine solche aufzufassen. Namentlich ist aber die Beschreibung aller dieser Theile sehr ungenau; die Lamina inferior hat er gar nicht unterschieden und schildert demgemäss den Hypophallus, wie er meine drei untern Laminae zusammen nennt, als einfache breite Platte mit zwei Cornua und einer über diese hinausragenden median spine, welche die Spitze des Penis bildet. Die Laminae superiores bezeichnet er als Paraphallus; ihre Enden sollen mit den Cornua des Hypophallus articuliren. Auf seinen Abbildungen ist dies, wie ich schon erwähnt habe, anders angegeben, aber nicht weniger unrichtig. Wieder sehen wir hier, dass nach Lowne's Darstellung den Gebilden jede Möglichkeit der Function genommen ist. Er glaubt zwar an eine Erection vermittels der weichen

Röhre; ich sehe aber nicht, wie sie an dem Penis zu Stande kommen
soll, den er geschildert hat.

Die Befestigung der Parameren — hintere Gonapophysen heissen
sie bei Lowne — auf dem Penis wie überhaupt ihre Contur ist auf
tab. 51 nicht den Thatsachen entsprechend dargestellt; von einer Articulation mit den vordern Gonapophysen — meinen Hakenfortsätzen
— spricht er einmal. Die Plättchen unter (vor) der Pars basalis des
Penis nennt er bulb. Sie biegen auf seiner Tafel an ihrer dorsalen
Basis ventralwärts um und verbinden sich als syndesmosis dem Hinterrand des progenital sternum (Gabelplatte); — von der Seite gesehen,
liegen die Gelenkplatten der Hakenfortsätze über unsern Plättchen
und parallel zu ihnen: das mag Lowne ein Bild vorgetäuscht haben,
wie er es hier wiedergiebt.

An diese feste Verbindung des bulb mit der Gabelplatte nun —
syndesmosis — wie auch an die Tragplatte des Penis (apodeme), setzen
nach Lowne eine Menge Muskeln an, von der Gabelplatte (progenital
sternum) und der Rückendecke herkommend. Sie sollen den Penis
drehen — dem stimme ich zu — und die Syndesmosis spannen, wodurch der Penis nach aussen (unten) geschoben werden soll. Also:
das Begattungsglied sitzt am obern Ende einer senkrecht gestellten
Chitinlamelle, der Syndesmosis; an derselben inseriren von oben und
vorn heranziehende Muskeln, und deren Contraction schiebt die Penisbasis nach unten! Diese Muskeln drücken offenbar, statt einen Zug
auszuüben.

Die Gestalt des progenital sternum (Gabelplatte) ist in Bild und
Schilderung sehr ungenau wiedergegeben; von seinen Fortsätzen sind
nur zwei zur Stelle, die vordern Gonapophysen — meine Hakenfortsätze,
die gelenkig abgegliedert zu sein scheinen. Auch ihre Form entspricht in geringem Grade meinen Befunden.

Am Vorderrand des Sternum soll die Wand der Genitalhöhle ansetzen; dass dieses Vorderende inmitten der Gewebe des 5. Segments
liegt, hat er nicht bemerkt. Wahrscheinlich benutzte er nur Präparate,
bei denen Kalilauge die Weichtheile entfernt hatte. Die eigenthümliche Einsenkung dieser Gabelplatte wie der Tragplatte ist ihm also
entgangen. Letztere nennt er apodeme, hält sie für paarig und unter-
lässt es, sich über ihre etwa vorhandenen Homologien zu äussern;
erstere aber fasst er als 8. Sternit auf.

Er wird dazu durch zwei Gründe bewogen. Zunächst durch ihre
Verbindung mit dem Hinterrand des 8. Tergits durch die Processus
longi — er bezeichnet sie als epipleural ridges. Ich habe aber ge-

zeigt, dass diese Stangen zu den Valvulae laterales hin ziehen, und
ihre Vorderenden mit den kurzen Hebelarmen articuliren, welche doch
jeden Falls als secundäre Bildungen aufgefasst werden müssen.

Der andere Grund ist seiner theoretischen Ansicht über eine
völlige Homologie von männlicher und weiblicher Geschlechtsmündung
entnommen, die er hauptsächlich auf den Resultaten von LACAZE-
DUTHIERS aufzubauen scheint. Deshalb muss der Penis dicht hinter
dem 8. Sternit liegen. Da nun aber die Tragplatte, wie ich zeigen
konnte, auch als Sternit angesehen werden muss, wäre LOWNE eigentlich genöthigt, diese als 8. anzusprechen.

Man sieht, LOWNE wird zu einer Meinung über die Segmentzugehörigkeit der Gabelplatte, die auch ich vertrete, durch Gründe ge-
führt, die ihn bei richtigerer Erkenntniss der anatomischen Verhältnisse zu ganz andern Schlüssen genöthigt haben würden. Ich halte
aber diese Gründe für wenig schlagend und bleibe trotz ihrer auf
meinem Standpunkt.

Zwischen seinem progenitalen oder 8. Segment und dem analen
nimmt LOWNE, ebenfalls auf Grund theoretischer Erwägungen, noch
zwei weitere Segmente an; er verallgemeinert dies für alle Insecten.
Beweis ist ihm die Zweizahl der Anhänge in diesem Bezirk: Penis
und hintere Gonapophysen (Parameren). Ich kann ihm auch hier nicht
folgen. Nach meiner Meinung ist das 9. Sternit das progenitale, durch
die Tragplatte repräsentirt; hinter ihm sitzen zwei Paar Anhänge —
da wir den Penis als ursprünglich paarig betrachten dürfen —, deren
zweites (hinteres) wohl ehemals einem verschwundenen 10. Sternit angehört haben mag. Die vordern Gonapophysen LOWNE's (meine Hakenfortsätze) aber sind nur Umbildungen des Hinterrands vom 8. Sternit
— der Gabelplatte.

Damit habe ich alle wesentlichen Punkte der LOWNE'schen Arbeit
berührt; eine detaillirtere Vergleichung würde auch im Einzelnsten viele
Differenzen zwischen unsern Schilderungen zu Tage fördern, indessen
scheint mir eine solche eines allgemeinern Interesses zu entbehren,
und ich will mich daher auf vorliegende Ausführungen beschränken.

Leipzig, im September 1896.

Literaturverzeichniss.

'15. Herold, M., Entwicklungsgeschichte der Schmetterlinge. Cassel und Marburg.

'28. Suckow, F. W. L, Geschlechtsorgane der Insecten, in: Hensinger's Z. f. d. organische Physik, V. 2.

'37. v. Siebold, C. Th., Fernere Beobachtungen über die Spermatozoen der wirbellosen Thiere, in: Arch. Anat. u. Phys., 1837.

'41. Loew, Beiträge zur anatomischen Kenntniss der innern Geschlechtstheile der zweiflügligen Insecten, in: Germar's Z. Entomol., V. 3.

'44. Dufour, L., Anatomie des Diptères, in: Ann. Sc. Nat., (3) Zool., V. 1.

'47. Stein, F., Vergleichende Anatomie und Physiologie der Insecten. I. Die weiblichen Geschlechtsorgane der Käfer. Berlin.

'49. Meyer, H., Ueber die Entwicklung des Fettkörpers, der Tracheen und der keimbereitenden Geschlechtstheile bei den Lepidopteren, Z. wiss. Zool., V. 1.

'51. Dufour, L., Recherches anatomiques et physiologiques sur les Diptères, in: Mém. prés. à l'Acad. Sc. Math. et Phys., V. 11.

'51. Meigen, Systematische Beschreibung der bekannten europäischen zweiflügligen Insecten. Halle.

'53. Lacaze-Duthiers, Recherches sur l'armure génitale des Insectes; Diptères; En général, in: Ann. Sc. Nat., (3) Zool., V. 19.

'55. Burmeister, H., Handbuch der Entomologie. Berlin 1832—55.

'55. Leuckart, R., Ueber die Mikropyle und den feinern Bau der Schalenhaut bei den Insecteneiern, in: Arch. Anat. Phys., 1855.

'58a. LEUCKART, R., Die Fortpflanzung und Entwicklung der Pupiparen, in: Abh. Naturf. Ges. Halle, V. 4.

'58b. LEUCKART, R., Zur Kenntniss des Generationswechsels und der Parthenogenesis bei den Insecten. Frankfurt a./M.

'59. LEYDIG, F., Zur Anatomie der Insecten, in: Arch. Anat. Phys., 1859.

'61. LEUCKART, R., Die Larvenzustände der Musciden, in: Arch. Naturg., Jg. 27, V. 1.

'64. WEISMANN, A., Die nachembryonale Entwicklung der Musciden, nach Beobachtungen an Musca vomitoria und Sarcophaga carnaria, in: Z. wiss. Zool., V. 14.

'66. LEYDIG, F., Der Eierstock und die Samentasche der Insecten. Zugleich ein Beitrag zu der Lehre von der Befruchtung, in: Nova Acta Acad. Leop. Carol., V. 33.

'66. PACKARD, Observations on the development and position of the Hymenoptera with notes on the morphology of Insects, in: Proc. Boston Soc. Nat. Hist., V. 10.

'67. BESSELS, E., Studien über die Entwicklung der Sexualdrüsen bei den Lepidopteren, in: Z. wiss. Zool., V. 17.

'68. PACKARD, On the structure of the ovipositor and homologous parts in the male Insect, in: Proc. Boston Soc. Nat. Hist., V. 11.

'69. GANIN, H., Beiträge zur Erkenntniss der Entwicklungsgeschichte bei den Insecten, in: Z. wiss. Zool., V. 19.

'70. BÜTSCHLI, O., Zur Entwicklungsgeschichte der Biene, ibid., V. 20.

'71. BÜTSCHLI, O., Mittheilungen über Bau und Entwicklung der Samenfäden bei Insecten und Crustaceen, ibid., V. 21.

'72. BALBIANI, E. G., Mémoire sur la génération des Aphides, in: Ann. Sc. Nat., (5) Zool., V. 11, 14, 15, 1869, 1870, 1872.

'72. OULJANIN, Ueber die Entwicklung des Stachels der Arbeitsbiene (russisch). Referat von KOWALEVSKY: Sitzungsberichte der zool. Abtheilg. der 3. Versammlung russischer Naturf. in Kiew, in: Z. wiss. Zool., V. 22.

'73. KRAEPELIN, Untersuchungen über den Bau, Mechanismus und Entwicklungsgeschichte des Stachels der bienenartigen Thiere, ibid., V. 23.

'74. GERSTÄCKER, Ueber das Vorkommen von Tracheenkiemen bei ausgebildeten Insecten, ibid., V. 24.

'75. DEWITZ, Ueber Bau und Entwicklung des Stachels und der Legescheide einiger Hymenopteren und der grünen Heuschrecke, ibid., V. 25.

'75. LINDEMANN, Vergleichend-anatomische Untersuchungen über das männliche Begattungsglied der Borkenkäfer, in: Bull. Soc. Imp. Natural. Moscou, V. 49.

'75. Mayer, P., Anatomie von Pyrrhocoris apterus, in: Arch. Anat. Phys., Jg. 1874 u. 75.

'76. Brunner v. Wattenwyl, Die morphologische Bedeutung der Segmente bei den Orthopteren, in: Festschrift Zool.-bot. Ges. Wien.

'76. Ganin, Materialien zur Erkenntniss der postembryonalen Entwicklung der Insecten (russisch). Warschau. Referate im Jahresber. v. Hofmann u. Schwalbe, V. 5, 1878, und: Protokolle d. Sitzungen d. 5. Vers. russischer Naturf. u. Aerzte in Warschau, in: Z. wiss. Zool., V. 28, 1877.

'79. Hammond, Thorax of the Blow-fly, in: J. Linn. Soc. London, Zool., V. 15.

'81. Kraatz, Ueber die Wichtigkeit der Untersuchung des männlichen Begattungsgliedes der Käfer für die Systematik und Artunterscheidung, in D. Entom. Z., V. 25, p. 113.

'82. Nusbaum, J., Zur Entwicklungsgeschichte der Ausführungsgänge der Sexualdrüsen bei den Insecten, in: Zool. Anz., V. 5, No. 126.

'82. Viallanes, Recherches sur l'histologie des Insectes et sur les phénomènes histologiques qui accompagnent le développement post-embryonnaire de ces animaux, in: Ann. Sc. Nat., (6) Zool., V. 14.

'83. Palmén, J. A., Zur vergleichenden Anatomie der Ausführgänge der Sexualorgane bei den Insecten, in: Morph. Jahrb., V. 9.

'84. Palmén, J. A., Ueber paarige Ausführungsgänge der Geschlechtsorgane bei Insecten. Eine monographische Untersuchung. Helsingfors.

'84. Schmiedeknecht, O., Apidae europeae per genera, species et varietates dispositae atque descriptae, Berlin 1882—84.

'84. Witlaczil, E., Entwicklungsgeschichte der Aphiden, in: Z. wiss. Zool., V. 40.

'86. Nassonow, Welche Insectenorgane dürften homolog den Segmentalorganen der Würmer zu halten sein? in: Biol. Ctrbl., V. 6.

'86. Spichardt, C., Beitrag zu der Entwicklung der männlichen Genitalien und ihrer Ausführgänge bei Lepidopteren, in: Verh. Naturhist. Ver. Rheinlande, Jg. 43.

'87. Kowalewsky, A., Beiträge zur Kenntniss der nachembryonalen Entwicklung der Musciden, I., in: Z. wiss. Zool., V. 45.

'88. Henking, Die ersten Entwicklungsvorgänge im Fliegenei und freie Kernbildung, ibid., V. 46.

'88. Van Rees, J., Beiträge zur Kenntniss der innern Metamorphose von Musca vomitoria, in: Zool. Jahrb., V. 3, Anat.

'89. Cholodkowsky, Studien zur Entwicklungsgeschichte der Insecten, in: Z. wiss. Zool., V. 48.

'89. HAASE, E., Die Zusammensetzung des Körpers der Schaben (Blattidae), in: SB. Ges. Naturf. Fr. Berlin, 1889, No. 6.

'90. HAASE, E., Die Abdominalanhänge der Insecten, in: Morph. Jahrb., V. 15.

'90. HURST, C. H., The pupal stage of Culex, in: Stud. Biol. Lab. Owens Coll. Manchester, V. 5.

'90. JACKSON, Studies in the morphology of the Lepidoptera, Part I, in: Trans. Linn. Soc. London, (2) Zool., V. 5, p. 4.

'90. LOWNE, B. THOMPSON, On the structure and development of the ovaries and their appendages in the Blow-fly (Calliphora erythrocephala), in: J. Linn. Soc. London, Zool., V. 20.

'91. HEYMONS, R., Die Entwicklung der weiblichen Geschlechtsorgane von Phyllodromia (Blatta) germanica L., in: Z. wiss. Zool., V. 53.

'92. ESCHERICH, Die biologische Bedeutung der Genitalanhänge der Insecten, in: Verh. zool.-bot. Ges. Wien, V. 42.

'92. KOLBE, Einführung in die Kenntniss der Insecten. Berlin 1889—92.

'93. PRATT, H. S., Beiträge zur Kenntniss der Pupiparen. (Die Larve von Melophagus ovinus), in: Arch. Naturg., Jg. 59, V. 1.

'93. VERHOEFF, Vergleichende Untersuchungen über die abdominalen Segmente und die Copulationsorgane der männlichen Coleoptera, ein Beitrag zur Kenntniss der natürlichen Verwandtschaft derselben, in: D. Entom. Z.

'93. WHEELER, A contribution to Insect embryology, in: J. Morphol., V. 8.

'94. ESCHERICH, Anatomische Studien über das männliche Genitalsystem der Coleopteren, in: Z. wiss. Zool., V. 57.

'94. VERHOEFF, Vergleichende Morphologie des Abdomens der männlichen und weiblichen Lampyriden, Canthariden und Malachiiden, untersucht auf Grund der Abdominalsegmente, Copulationsorgane, Legeapparate und Dorsaldrüsen, in: Arch. Naturg., Jg. 60, V. 1.

'94. VERSON, Zur Spermatogenesis bei der Seidenraupe, in: Z. wiss. Zool., V. 58.

'95a. HEYMONS, R., Die Segmentirung des Insectenkörpers, in: Abh. Akad. Berlin.

'95b. HEYMONS, R., Die embryonale Entwicklung der Dermapteren und Orthopteren, unter besonderer Berücksichtigung der Keimblätterbildung monographisch bearbeitet. Jena.

'95a. PETTOUREAU, Remarques sur l'organisation et l'anatomie comparée du dernier segment du corps des Lépidoptères, Coleoptères et Hémiptères, in: Rev. Biol. Nord France, Année 7, 1894—95.

'95b. PETTOUREAU, Contributions à l'étude de la morphologie de l'armure génitale des Insectes, Paris; Ref. v. VERHOEFF, in: Zool. Ctrbl., V. 2, p. 246.

'95. VERSON e BISSON, Sviluppo postembrionale degli organi sessuali accessori nel maschio del Bombyx mori, in: Pubbl. R. Stag. Bacolog., No. 8.

'96. FÉNARD, Sur les annexes internes de l'appareil génital mâle des Orthoptères, in: C. R. Acad. Sc. Paris, V. 122, p. 894.

'96. HEYMONS, Zur Morphologie der Abdominalanhänge bei den Insecten, in: Morph. Jahrb., V. 24.

'96. VERSON u. BISSON, Die postembryonale Entwicklung der Ausführgänge und der Nebendrüsen beim männlichen Geschlechtsapparat von Bombyx mori, in: Z. wiss. Zool., V. 61.

Erklärung der Abbildungen.

Tafel 1—3.

Sämmtliche Figuren mit Ausnahme von 59 und 60 sind mit Hülfe des Zeiss'schen Zeichenapparats (nach Abbe) No. 41a entworfen. Die Vergrösserungen sind nach den Tabellen von Zeiss für Objectiv- und Ocularvergrösserung angegeben, ohne Berücksichtigung der Eigenvergrösserung des Zeichenapparats.

Tafel 1.

Fig. 1. Längsschnitt durch die Spitze des Hodens. Conservirt mit Pikrinosmiumsäure. Vergr. 333 ✕. Man sieht die 4 Hüllen des Hodens, rechts oben das Follikelgerüst.

Fig. 2. Querschnitt durch die mittlere Partie eines der paarigen Samengänge. Conservirt mit Pikrinosmiumsäure. Vergr. 1000 ✕ (Zeiss 2 mm Apochromat mit Comp. Ocular 8).

Fig. 3. Querschnitt durch die Prostatadrüse der 12 tägigen Puppe. Conservirt mit Pikrinosmiumessigsäure. Vergr. 500 ✕ (Zeiss 2 mm. Apochromat + Ocular 4).

Fig. 4. Schnitt durch den hintern Theil der Samenspritze, aus einer Querschnittserie durch die zum Ausschlüpfen fast bereite Puppe. Vergr. 333 ✕. *de* Ductus ejaculatorius, *hh* Höhle der Spritze, *ms* Bestandtheile des Muskelsäckchens, *p* Mündungspapille des Vas deferens, *pl* Chitinplatte, *sh* Stielhöhle, *st* Stiel der Platte, *vd* unpaares Vas deferens.

Fig. 5. Schnitt durch den mittlern Theil der Samenspritze. Aus derselben Serie wie Fig. 4. Bezeichnungen ebenso wie dort.

Fig. 6. Querschnitt durch den obern Theil des unpaaren Samengangs von der 12 tägigen Puppe. Vergr. 500 ✕. *s* structurloses Häutchen, von der Puppenscheide her sich in den Gang fortsetzend.

Fig. 7. Mündungen der beiden Prostatadrüsen in das Vas deferens. Rechts ist eines der paarigen Vasa angeschnitten. Aus 2 auf einander folgenden Schnitten combinirt. Vergr. 333 ✕. *mp* Mündung der Prostatadrüsen, *sph* Fasern des Sphincters am Endstück der Prostatadrüsen, *pr* Prostatadrüsen, *ps* Prostatasecret, *va* eines der paarigen Vasa, *vd* oberer Theil des unpaaren Vas deferens, *vs* Secret von dessen Epithel.

Figg. 8—13. Copulationswerkzeuge des männlichen Thieres. Für
sie alle gültige Bezeichnungen: *a* Anus, *bp* Pars basalis des Penis,
br Bogenrand der Gabelplatte, *de* Ductus ejaculatorius, *dhi* unterer
Depressor der Haltezange, *dhsp* hinterer oberer Depressor der Haltezange, *do* Dorn am Basaltheil des Penis, *dpi* unterer Depressor des
Penis, *dps* oberer Depressor des Penis, *er* Erector penis, *f* Randfalte
am Hinterende des 8. Tergits, *fi* Längsfalte in der Intersegmentalhaut
zwischen 8. und 9. Tergit, *fu* ventrale Furche an jeder der Laminae laterales des Penis, *gf* Gelenkfortsatz des 8. Tergits, *gh* Gelenkhöcker an den
Laminae superiores des Penis, *gk* Gelenkknopf (der Randleiste *rl*) für
die Valvula lat. und med., *glp* Gelenkplättchen der Hakenfortsatzbasis,
gp Gabelplatte, *h* Hoden, *ha* kurzer Arm des Winkelhebels, *haf* Haken-
fortsatz der Gabelplatte, *hf* Hebelfortsatz der Gabelplatte, *ila* Introtractor
longus anterior, *ilp* Introtractor longus posterior, *irl* innere Seitenrand-
leiste der Gabelplatte, *ita* Introtractor brevis anterior, *itp* Introtractor
brevis posterior, *li* Lamina inferior des Penis, *ll* Lamina lateralis des
Penis, *ls* Lamina superior des Penis, *mol* mediane Verwachsungsstrecke
der Laminae laterales, *ms* Muskelsäckchen der Samenspritze, *pa* Paramer,
pal Pars lateralis der Laminae laterales des Penis, *pam* Pars medialis
der Laminae laterales des Penis, *pb* Processus brevis der Valvula lateralis,
pe Penis, *pha* Protractor des kurzen Hebelarms (*ha*), *pl* Chitinplatte der
Samenspritze, *plv* Processus longus der Valvula lateralis, *pv* Processus
am Paramer zur Articulation mit der Gelenkplatte (*glp*) des Hakenfortsatzes, *r* distaler Rand der weichen Innenröhre des Penis, *rl* Randleiste
der Falten (*f*) am Hinterrand des 8. Tergits, *se* untere Basallamelle des
Hakenfortsatzes, *sm* Segmentalmuskel zwischen den Vorderrändern des
7. und 8. Tergits, *st* Stiel der Chitinplatte, *tp* Tragplatte, *vd* unpaares
Vas deferens, *vg* Stelle, an welcher Laminae laterales und inferior sich
dicht auf einander legen, *vl* Valvula lateralis der Haltezange, *vm* Valvula medialis der Haltezange, *sm* Zangenmuskel.

Fig. 8. Die letzten Abdominalsegmente, von der rechten Seite gesehen. Die beiden Parameren sowie alle linksseitigen von den paarigen
Gebilden sind weggelassen. Auch die Borsten an den Tergiten. Vergr.
50 ✕.

Fig. 9. Penis und Gabelplatte von unten. Der Penis ist stark
dorsal aufgerichtet, so dass seine Ebene fast parallel zu derjenigen der
Platte steht. Vergr. 90 ✕.

Fig. 10. Articulation des linken Winkelhebels mit dem Fortsatz
des 8. Tergits. Von links, also aussen gesehen. Vergr. 145 ✕.

Fig. 11. Tragplatte und Basaltheil des Penis mit dem Anfang der
Laminae superiores, von oben. Vergr. 70 ✕.

Fig. 12. Penis mit dem rechten Paramer, Ductus ejaculatorius und
Samenspritze.

Tafel 2.

Fig. 13. Schnitt durch das 5.—8. Segment, in einer Richtung,
welche die gestrichelte Linie *z - - - z* in Fig. 8 angiebt.

Fig. 14. Abdominale Sternite und ein angrenzender Abschnitt der Tergite des Weibchens. *n* Nahtlinie im 1. Tergit.

Fig. 15. Ein Sagittalschnitt durch das Hinterende der Legeröhre. Vergr. 145 ✕. *a* Anus, *di* Dilatator der Vulva, *g* Sinnesganglienzellen, *gt* Genitaltaster, *le* Levator des 9. Sternits, *m* Mündung der Vagina, *n* Nerv, *re* einer der segmentalen Retractoren des Ovipositors, *tv* Tasche in der Vulva, *vu* Vulva.

Fig. 16. Abdominale Sternite des Männchens.

Fig. 17. Medianschnitt durch den unpaaren Oviduct und den Vordertheil der Vagina (Uterus). Vergr. 90 ✕. *am* Compressor des absteigenden Oviducts (dorsaler Längsmuskel), *bh* Begattungshügel, *bl* Begattungshöhle, *ddi* dorsales Divertikel, *gr* Mündungsfalte der Drüsen und Receptacula, *mo* Mündung des Oviducts, *ms* Mündung der Receptacula, *ov* Oviduct, *rp* Rectalpapillen, *ut* Uterus, *vdi* ventrales Divertikel.

Fig. 18. Stück eines Querschnitts vom aufsteigenden Theil des Oviducts. Vergr. 333 ✕.

Fig. 19. Sehnenartige Verbindung der Vaginalwand mit dem Vorderrand des 8. Sternits.

Fig. 20. Querschnitt durch ein Receptaculum seminis. Vergr. 145 ✕.

Fig. 21. Stück aus einem Längsschnitt durch eine Wand des Receptakelstiels. Vergr. 333 ✕. *sk* Lumen des Canälchens, *e* Epithel, *i* Intima.

Figg. 22—24. Drei Schnitte aus einer Serie; Richtung und Lage sind in Fig. 17 durch Strichellinien markirt. Vergr. 265 ✕. Die Bezeichnungen sind dieselben wie in Fig. 17; dazu noch: *blw* Wand der Begattungshöhle, *kdg* Kittdrüsengang, *lm* Dilatator des absteigenden Oviducts (lateraler Längsmuskel), *mbl* seitliche Mündung der Begattungshöhle, *mf* Medianfalte, *sk* Samencanälchen, *skm* dessen Längsmuskeln.

Fig. 25. Querschnitt durch den Uterus und Begattungshügel der Puppe von 12 Tagen; Ebene des Schnitts zwischen denen von Fig. 23 u. 24 (cf. Fig. 17). Bezeichnungen wie dort und in Fig. 17. Vergr. 145 ✕. *i* Hohlraum zwischen *gr* und *mf*, *l* Verwachsungsstelle von *gr* und *mf*, *sp* plattenförmige Ausweitung des freien, untern Endes von *mf*.

Tafel 3.

Fig. 26. Stück von einem Längsschnitt durch eine der Kittdrüsen. *kdg* Ausführgang der Drüse, *rm* seine Ringmuskeln quer geschnitten, *s* Secretblase voll Secretes, *s'* Secretblase mit wenig Secret.

Fig. 27. Hinterende der Medianscheibe des 8. Segments mit Ansatzstelle an die Hypodermis. Aus einer Querschnittserie durch die 14 tägige Larve. Vergr. 145 ✕.

Fig. 28. Querschnitt durch die Mitte der Medianscheibe einer 3 tägigen Larve. Vergr. 500 ✕. *ekt* Epithel der Scheibe, *hy* Hypodermis, *mes* mesenchymatisches Gewebe.

Fig. 29. Querschnitt durch das Vorderende der Medianscheibe einer 12 Stunden alten weiblichen Puppe. Vergr. 145 ✕. *pod* Anlage der paarigen Oviducte.

Fig. 30. Querschnitt durch die Mitte einer Lateralscheibe der 3 tägigen Larve mit einem Abschnitt der Hypodermis (*hy*). Vergr. 500 X.

Fig. 31. Querschnitt durch eine Lateralscheibe der 14 tägigen Larve, mit Hypodermisabschnitt. Vergr. 333 X.

Fig. 32. Querschnitt durch die nach aussen geöffnete Medianscheibe einer 36 Stunden alten weiblichen Puppe. Vergr. 90 X. *hm* Höhle der Medianscheibe, *kdg* Mündung der Kittdrüsenanlage.

Figg. 33—36. Schnitte No. 13, 17, 30 und 38 (von der Abdominalspitze an gezählt, wie auch bei den Schnitten der Figg. 37—44) aus einer Querschnittserie durch die Geschlechtsanlage einer weiblichen Puppe von 60 Stunden. Vergr. 90 X. *fa* Bildungsfalte der Mündungspapille, *fa₁* deren vordere dorsale Ausbuchtung, *hm* Höhle der Medianscheibe, *hy* larvale Hypodermis, *kd* Kittdrüsen, *kdg* Kittdrüsengänge, *pod* Anlage der paarigen Oviducte, *pr¹* Anlage von rudimentären Drüsen, *sk* erste Receptakelanlage (dicht über ihrer Mündung geschnitten).

Figg. 37 u. 38. Schnitt No. 8 und 4 aus einer Querschnittserie von einer weiblichen 3¹/₂ Tage alten Puppe. Vergr. 50 X. *a* Anus, *c* Anlage des (halben) 9. Tergits + Genitaltaster, *gr* Mündungspapille (-falte) der Receptacula und Drüsen, *hm* Höhle der Medianscheibe, *hy₁* imaginale Hypodermis, *kdg* Kittdrüsengang, *VIIIst* 8. Sternit, *IXst* 9. Sternit, *vu* Vulva.

Fig. 39—44. Schnitte No. 24, 29, 31, 35, 47 und 60 aus einer Querschnittserie durch den Geschlechtsapparat einer 4¹/₂ tägigen weiblichen Puppe. Vergr. 90 X. *gr* Mündungspapille, *hm* die vormalige Medianscheibenhöhle (noch nicht gesonderte Anlage des Uterus und unpaaren Oviducte), *kdg* Kittdrüsenanlage, *kdg₁* Vorderende der Anlage, *lsk* Anlage der zwei linken Receptacula, *rsk* Anlage des rechten Receptaculums, *va* Vagina.

Fig. 45. Querschnitt durch die Abdominalspitze der 6 tägigen weiblichen Puppe. Vergr. 50 X. *gt* Genitaltaster, *IXst* 9. Sternit, *IX t* 9. Tergit.

Fig. 46. Querschnitt durch den Geschlechtsapparat einer 6 tägigen weiblichen Puppe an der Abgliederungsstelle des Oviducts vom Uterus. Vergr. 90 X. *ep* Epithel, *gr* Basis der Mündungspapille, *kdg* Kittdrüsengang, *mu* Musculatur, *sk* Samencanälchen, *ov* unpaarer Oviduct, *ut* Uterus.

Fig. 47. Querschnitt durch den vordern Theil der Medianscheibe einer 10 tägigen männlichen Larve. Vergr. 90 X. *hy* larvale Hypodermis, *mes* mesenchymatisches Gewebe, *s* Trennungswand zwischen den beiden vordern Blindsäcken, *z* Zapfen des ersten Paars.

Fig. 48. Querschnitt durch den vordern Theil der Medianscheibe einer 15 Stunden alten männlichen Puppe. Vergr. 90 X. *hm* Höhle der Scheibe, *ekt* ihr Epithel, *mes* Mesenchym, *z* Zapfen des ersten Paars.

Fig. 49. Querschnitt durch den vordersten Theil der Medianscheibe einer männlichen Puppe von 2 Tagen. Vergr. 90 X. *de* der in Büdung begriffene Ductus ejaculatorius. *hm* Scheibenhöhle, *mes* Mesenchym, *s* Zapfen des ersten Paars.

Fig. 50. Querschnitt durch die vordere Ausstülpung (*g*) der Medianscheibe und die beiden Prostatadrüsenanlagen (*pr*). Aus einer Serie durch die $2^1/_2$ tägige männliche Puppe. Vergr. 90 ✕.

Figg. 51—55. Schnitte No. 5, 19, 2ℕ, 31 und 34 (von der Abdominalspitze her gezählt) aus einer Querschnittserie durch die 4 tägige männliche Puppe. In Fig. 52—55 ist nur die i n n e r e Begrenzung des 5. Segments (Genitalhöhlenwand) gezeichnet. Vergr. 50 ✕. *a* Anus, *de* Ductus ejaculatorius, *ed* Enddarm, *hm* Höhle des nicht geöffneten Medianscheibentheils (vorderer Theil der Genitalhöhle), *pr* Hinterende der Prostatadrüsen, *rp* Rectalpapillenanlage, *vl* Valvula lateralis, *vm* Valvula medialis, *s* Zapfen des ersten Paars, s_1 Zapfen des zweiten Paars, *Vs* 5. Segment.

Fig. 56. Querschnitt durch das Hinterende einer männlichen Puppe von 5 Tagen. Vergr. 50 ✕. *a* Anus, *vl* Valvula lateralis, *vm* Valvula medialis.

Figg. 57 u. 58. Zwei Schnitte durch die Medianscheibenderivate einer 5 tägigen männlichen Puppe. 44. und 54. Schnitt der Serie (von der Abdominalspitze ab gezählt). Vergr. 90 ✕. *de* Ductus ejaculatorius, *gpe* Gabelplatteneinstülpung, *hm* Höhle der Medianscheibe (Genitalhöhlenabschnitt), *mes* mesenchymatisches Gewebe, *tpe* Tragplatteneinstülpung, s_1 Zapfen des zweiten Paars.

Figg. 59 u. 60. Schematische Medianschnitte durch das Hinterende zweier Puppen von 6 und 12 Tagen. *de* Ductus ejaculatorius, *gh* Genitalhöhle, *gp* Gabelplatte, *pe* Penis, *tp* Tragplatte, *Vst* 5. Sternit, *V, VI, VII, VIII t* 5.—8. Tergit.

Vita.

Ich, LUDWIG BRÜEL, wurde am 8. Januar 1871 zu Langen im Grossherzogthum Hessen geboren. Den ersten Unterricht empfing ich in Darmstadt, wo ich auch meine Gymnasialzeit verbrachte. Im Herbst 1888 erhielt ich das Reifezeugniss und bezog darauf die Universität Leipzig. Zwei Semester, von Ostern 1891—92, verbrachte ich an der Universität Freiburg i. Br., um sodann wieder nach Leipzig zurückzukehren. Ich habe in Leipzig auf den Laboratorien der Herren Professoren LEUCKART, PFEFFER, HIS, BRAUNE, FRAISSE, DRECHSEL und v. FREY gearbeitet. Vorlesungen hörte ich bei den Herren Professoren und Docenten LEUCKART, PFEFFER, HIS, BRAUNE, OSTWALD, WISLICENUS, WIEDEMANN, CREDNER, SIMROTH, MARSHALL, FRAISSE, LOOSS, DES COUDRES und LE BLANC. In Freiburg besuchte ich die Vorlesungen der Herren Professoren WEISMANN, GRUBER, H. F. ZIEGLER, KEIBEL und GROSSE, und arbeitete auf den Laboratorien der Herren Professoren WEISMANN, GRUBER und BAUMANN.

Ich freue mich der Gelegenheit, an dieser Stelle einem tiefgefühlten Bedürfniss genügen zu können, indem ich allen meinen verehrten Herren Lehrern meinen aufrichtigsten Dank ausspreche.

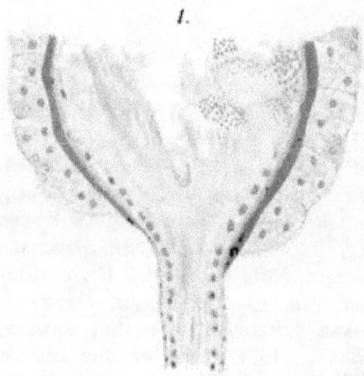

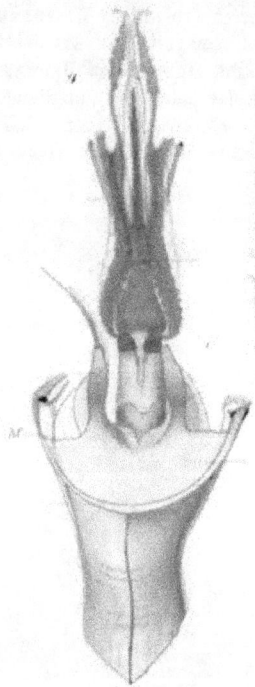

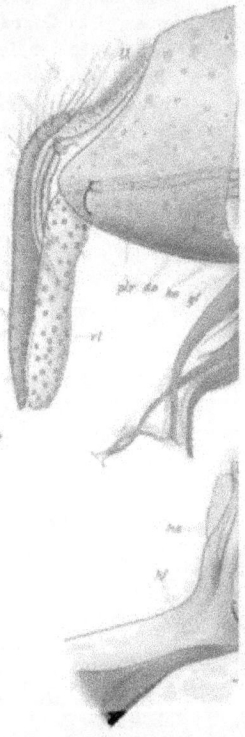

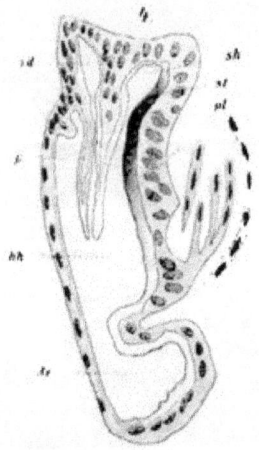

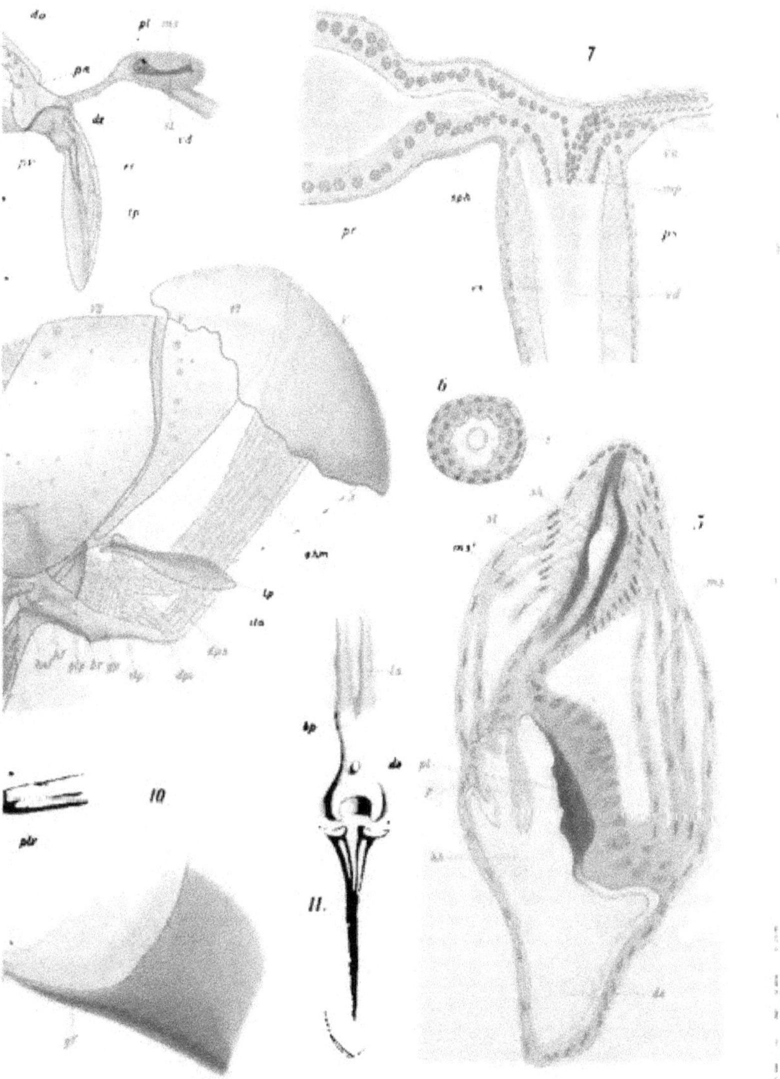
do
pl
ms
pn
dz
sl
vd
pv
tp
7
sph
pr
vs
6
5
ms'
shm
tp
10
plr
11.
bp
ds

17

IXst

bl

22

23

16

18

19

23

24

ml

gr.

24

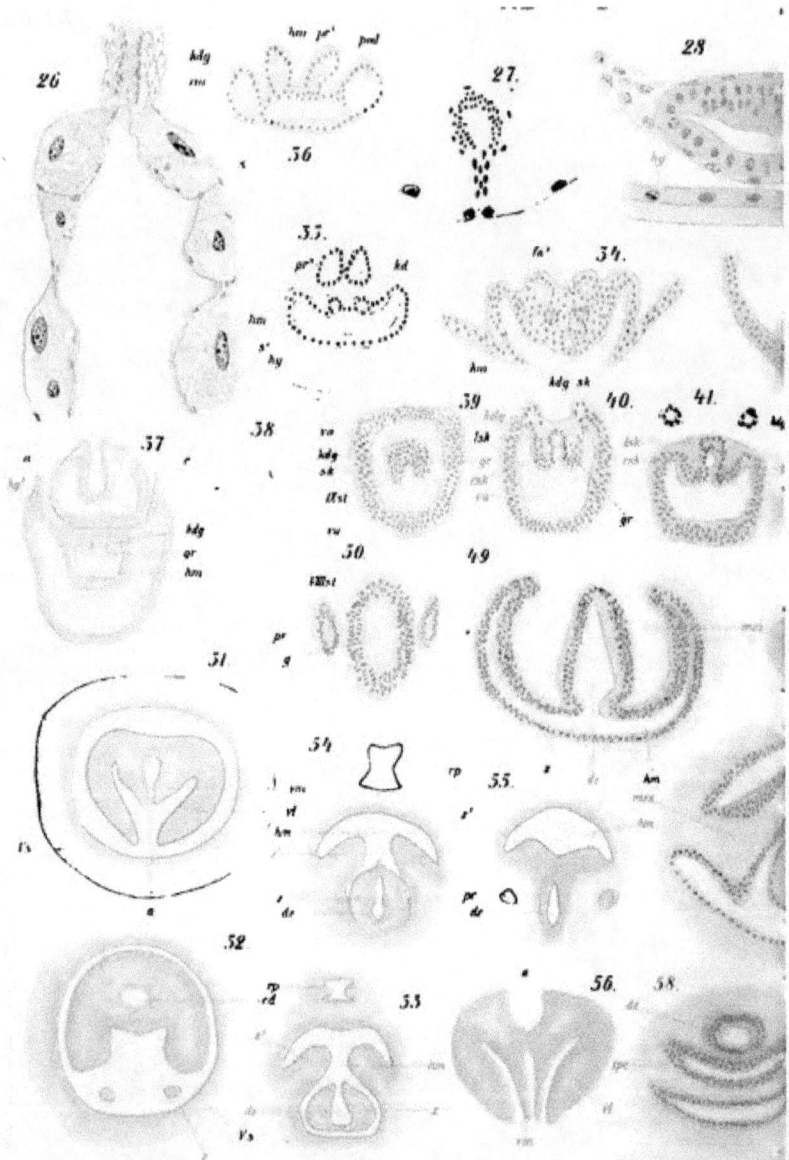

26   hdg rm

36   hm pr' pml

27

28   hf

35   pr   hd   hm s' hy

34   fa'   hm   hdg sk

37   hdg gr hm

38   va hdg sk IIIst rw

39   hdg lsk gr enk rw

40   bk rsk gr

41

30   VIIIst pr g

49   mx

31   rm rf hm   fs   a

54   rp   s'

35   dr hm mx hpc   pr dr

52   rp cd

53   hm   dr   z Vs

56   dr rpc rf vm

58

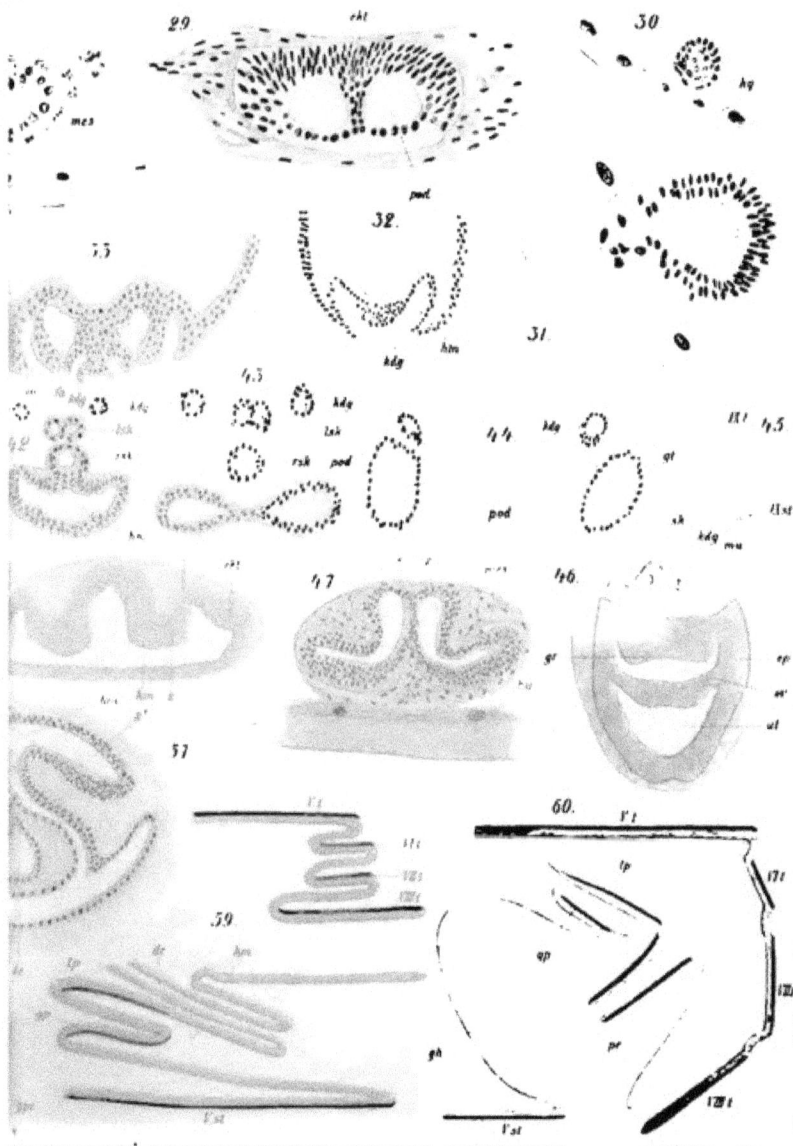